Dúile Ceimiceacha

I0482926

Tábla peiriadach

Na rudaí beagnach gan teorainn, agus ábhair timpeall orainn atá déanta iarbhír suas de ach líon teoranta na n -eilimintí ceimiceacha . Tá a fhios againn sa lá atá inniu ann 91 go nádúrtha ar an Domhan . Tosaíonn siad le hidrigin a bunaíodh go gairid tar éis a tháinig na cruinne ar an saol . Rinneadh na 90 eile arna ndéanamh trí imoibrithe núicléacha ar siúl i gcroílár na réaltaí a dhó nó trí na pléascanna tubaisteacha dtugtar supernovas go bhfuil a tháirgtear uaireanta nuair a bás na réaltaí . Tá roinnt gnéithe níos mó a dhéantar go saorga i saotharlanna .

Behaves gach eilimint éagsúil agus go bhfuil airíonna éagsúla ó gach ceann de na daoine eile . Tá córas faisnéise faoi na airíonna ceimiceacha na gnéithe agus na comhdhúile ceimiceacha mar siad eagrú riachtanach . Tá an tábla peiriadach nua-aimseartha bunaithe go príomha ar obair an poitigéir Rúise Dmitry Mendeleyey a bhfuil tábla a foilsíodh i 1869 a chur ar na gnéithe sna sraitheanna cothrománach de réir a meáchan le chéile amháin faoi bhun an ceann eile ionas go mbeidh na heilimintí a bhfuil airíonna den chineál céanna thit isteach colúin ingearach . Sa 20ú aois leis an eolas a fuarthas mar gheall ar an struchtúr an adaimh , Thángthas ar an mbealach ceart a ordú ar na gnéithe agus cuireadh an tábla peiriadach láthair .

Tá adaimh comhdhéanta de phrótóin , neodróin agus leictreoin comhpháirteanna bunúsacha na heilimintí . Léirigh fisiceoir Béarla Henry Moseley go bhfuil pé rud a chinntíonn an t-iompar de gach eilimint a uimhir adamhach , líon na bprótón ina núicléas , ní a meáchan adamhach a bhfuil beart de líon iomlán na bprótón agus na neodrón sa núicléas . Ba é an bealach ceart a ordú na heilimintí sa tábla peiriadach , dá bhrí sin ag a n- uimhir adamhach . Cé go bhfuil na hadaimh de ghné gheall ar an líon céanna de phrótóin is féidir leo a bheith difriúil líon na neodrón . Tá siad seo ar a dtugtar iseatóip agus míníonn n-ann cén fáth a bhfuil an meáchan adamhach táscaire iontaofa ar staid an ghné sa tábla peiriadach .

Na heilimintí atá eagraithe in ord a n-uimhreacha adamhacha i sraitheanna ar a dtugtar tréimhsí . Bogadh ó chlé go deas thar tréimhse , tá aistriú na heilimintí sin a bhfuil miotail dóibh siúd atá neamh - mhiotail . Na colúin ingearach an tábla peiriadach a dtugtar grúpaí . Tá gach na heilimintí laistigh de ghrúpa airíonna ceimiceacha den chineál céanna agus go bhfuil siad uaireanta dá ngairtear teaghlaigh na n-eilimintí .

CÉN FÁTH TAR ÉIS EILIMINTÍ LAISTIGH DE GHRÚPA IOMPRAÍOCHTA CHEMICAL COSÚIL

Cinneann an uimhir adamhach cé mhéad leictreoin atá luchtaithe go diúltach atá sa adamh dúile ar leith agus is é an struchtúr na leictreon orbiting an núicléas a chinneadh conas freagairt eilimintí le chéile . Seo dáileadh na leictreon sa valence , nó seachtrach, bhlaosc an adaimh faoi lé hadaimh eile nuair a imoibríonn siad . Eilimintí a bhfuil sliogáin valence go hiomlán atá lán thar a bheith cobhsaí agus is cosúil go imoibríonn le beagnach rud ar bith eile . Beidh Glacfar le sliogáin neamhiomlán claonadh chun freagairt le hadaimh eile ar bhealach a chuirfidh i gcrích na sliogáin . Tá Adaimh le chineál céanna chumraíocht Valence - bhlaosc airíonna ceimiceacha den chineál céanna . Tá an líon céanna na leictreon valence Gnéithe sa ghrúpa céanna sa tábla peiriadach .

Is é an tábla peiriadach ansin léarscáil den mbealach ina leictreoin shocrú iad féin i n-adamh dúile ar leith . Déanann an cumas a thuar an iompar ceimiceach d'eilimint atá bunaithe ar an tsraith nua agus an colún ina bhfuil sé le fáil ar an tábla peiriadach uirlis tagartha luachmhar do na cleachtóirí na heolaíochta .

HYDROGEN

Uimhir Adamhach : 1

Cheimiceach Siombail : H

Grúpa : 1A

Is éard atá Hidrigin de rud ar bith níos mó ná prótón amháin , a feidhmíonn sé mar a núicléas , circled ag leictreon amháin . Cabhraíonn a simplíocht a mhíniú cén fáth go bhfuil sé le fada an ghné is abundant , ag déanamh suas 93% de na n-adamh i na cruinne . Atá i hidrigin gás nach bhfuil aon boladh nó blas , go hiomlán gan dath - agus thar a bheith flammable.The Táirgeann meascán de hidrigin agus ocsaigin a miotail is coitianta , tá water.Hydrogen fáil freisin i gcomhdhúile orgánacha , comhdhúile bitheolaíochta i láthair in orgánaigh bheo , i cumhrán , ruaimeanna , lotnaidicídí , DNAs agus próitéiní ! Téann an liosta ar agus ar !

héiliam

Uimhir Adamhach : 2

Cheimiceach Siombail : sé

Grúpa VIII A - Na triathgháis

Cosúil le gach triathgháis , tá héiliam gan dath agus odourless.together hidrigine agus héiliam foirm astonishing 99.9 % na n-eilimintí i na cruinne . Tagann a ainm ó na ' Helios ' Gréigise a chiallaíonn an ' ghrian ' . Tá Héiliam ón ngrian arna dtáirgeadh ag an comhleá de hidrigin . Soláthraíonn an imoibriú an fuinneamh go radiates an ghrian isteach i spás . Tá dlús íseal Héiliam agus dá bhrí sin úsáideach i blimps agus balúin bréagán dá buacacht i air.astrnomers a bhaint as an leacht thar a bheith fuar ó héiliam a bhaint ' torainn' teirmeach a dhéanamh níos éasca agus níos iontaofa ar shonraí ó réaltraí i bhfad i gcéin a fháil .

LITHIUM

Uimhir Adamhach : 3

Cheimiceach Siombail : Li

Miotail Grúpa IA - an -Alkali

Is é an litiam miotail an- imoibríoch agus chéile le alúmanam a fhoirmiú dlús íseal , cóimhiotal láidir ó thaobh struchtúir a úsáidtear i aerárthaí agus spaceships . Tá sé úsáid freisin mar teirminéal deimhneach nó anóid i cadhnraí beaga a úsáidtear i ceamaraí , séadairí agus áireamháin . Is hiodrocsaíd litiam an-éifeachtach aer - purifier . Súnn sé $CO_2$ ón aer a fhoirmiú carbónáit litiam . Litiam Tá an saintoilleadh teasa is airde d'aon eilimint . Déanann an mhaoin sé oiriúnach ábhar traschur teasa agus tá sé á úsáid i imoibreoirí núicléacha turgnamhach a ionsú an teas a tháirgtear ag an fissioning úráiniam .

I leigheas carbónáit litiam agus chiotráite litiam Tugtar cobhsaitheoirí giúmar an- éifeachtach i tinneas bhuile-depressive .

BERYLLIUM

Uimhir Adamhach : 4

Cheimiceach Siombail : Bí

Grúpa IIA - An alcaileacha Miotail Domhan


I bhfoirm a íon , is Beirilliam solas , cothrom crua , liath - bhán miotail . Cosúil le gach miotal a dhéanann suas an grúpa chré-alcaileacha , tá sé i bhfad ró- imoibríoch go ceimiceach le fáil ina staid saor in aisce . Taiscí an beirilliam mianraí a dháileadh ar fud an Bhrasaíl , an Airgintín , agus na Stáit Aontaithe . Criostail de bheirilliam is eol do a gcuma fíorálainn . An dá emerald agus aquamarine fhaightear go nádúrtha foirmeacha lómhar seo a mianraí . Bhí Beirilliam ról lárnach i fionnachtain an neodróin i 1932 agus tá sé fós úsáideach sa taighde ar núicléis adamhacha .


BORON

Uimhir Adamhach : 5

Cheimiceach Siombail : B

Grúpa III A


Is Bórón ar , sobhriste , eilimint crua neamh- mhiotalacha . Tá sé faoi cheangal de ghnáth le hocsaigin , uisce agus sóidiam i cumaisc a dtugtar borax a úsáidtear mar ghníomhaire a ghlanadh agus softener uisce . Nuair a chuirtear uisce softened , an maignéisiam agus cailciam ionad le sóidiam sách harmless agus Potaisiam . Tá cumaisc bórón eile bhóraigh aced úsáid industrially a dhéanamh Piréis , gloine resistant teasa speisialta a úsáidtear i cistiní . Tá ' slata ' Bórón ríthábhachtach i úsáid na n-imoibreoirí núicléacha . Is féidir iad a ísliú isteach imoibreoir chun neodróin dá bhrí sin a rialú an chumhacht atá á dtáirgeadh ag an t-imoibreoir ionsú .


CARBÓIN

Uimhir Adamhach : 6

Siombail an Cheimiceach : C

Grúpa IV A

Léiríonn Charbóin ach 0.09 % de screamh an domhain de réir maise , ach is é an ghné is riachtanach le haghaidh saol ar ár bplainéad . Owes Carbóin a seasamh lárnach sa domhan orgánach do chumas a adaimh a nascadh le hadaimh charbóin eile chun foirm slabhraí fada go bhfuil ceachtar díreach nó brainseach . Amháin den sórt sin móilín fada chained sa DNA le fáil i an t-ábhar géiniteach de gach créatúir maireachtála . Is féidir le Gnéithe ann i bhfoirmeacha éagsúla nádúrtha ar a dtugtar allotropes . Tá Carbóin le fáil sna foirmeacha allotropic graifíte , gual agus is mórthaibhsí Diamond .

NÍTRIGINE

Uimhir Adamhach : 7

Siombail an Cheimiceach : N

Grúpa V A

Easnamh Nítrigin aon mhaoin chiall spreagadh agus táimid ag análú i gcónaí i gcainníochtaí móra mar inhale muid ag aer . Dominates sé an ngás i atmaisféar domhain a dhéanamh suas roinnt 78 % de réir toirte . Foirmeacha Nítrigin céadta mílte comhdhúile sin atá ríthábhachtach chun na talmhaíochta agus an tionscail is tábhachtaí a bhfuil amóinia . Ina bhfoirm ghásach amháin , tá nítrigin a úsáidtear go minic i gcásanna ina bhfuil sé tábhachtach a choimeád , gáis atmaisféaracha níos imoibríoch eile ar shiúl . Mar shampla , chun cosc a chur ar an ocsaídiúcháin na fíona , buidéil fíona líonadh go minic le nítrigin tar éis an corc as oifig .

oCSAIGIN

Uimhir Adamhach : 8

Siombail an Cheimiceach: O

Grúpa VI A

Ann Ocsaigin san atmaisféar in uisce , agus i screamh an domhain i réimse ollmhór de charraigeacha agus mianraí . Tá sé riachtanach don saol agus don chuid de gach móilín bitheolaíochta i ár comhlachtaí . Cé ithe próisis nádúrtha go leor ocsaigin , tá sé athlíonta i gcónaí trí fhótaisintéis i bplandaí rud á chaitheamh go leanúnach agus á dtáirgeadh go leanúnach . Is é an poitigéir Béarla Joseph Priestley sochair le fionnachtain ocsaigin . Téite sé ocsaíd mearcair agus faoi deara go ba chúis leis an gás a thug sé amach an candle sruthán le lasair thar cuimse thar cionn . Ba é an gás ocsaigine !


## FLUORINE

Uimhir Adamhach : 9

Siombail an Cheimiceach : F


Grúpa VII - An halaiginí

Is fluairín lú , simplí agus an halaigine is imoibríoch . Gach adamh sa ghrúpa seo le chéile go héasca le miotail fhoirmiú salainn . Ina lán codanna den fluairíd sóidiam domhan a leanas le soláthairtí uisce poiblí . Tá léirithe ag taighde gur féidir le cainníochtaí beaga de fluairín retard forbairt na gcuas i fiacla . I láthair hidrigine , dó fluairín le fórsa pléascach a tháirgeadh fluairíd hidrigine nuair a tuaslagtha i bhfoirmeacha uisce aigéad hydrofluoric . Tá sé thar a bheith contúirteach . Mar sin féin , tá sé in úsáid gloine a thuaslagadh agus a úsáidtear le dearadh ar rudaí gloine a etch .


## NEON

Uimhir Adamhach : 10

Siombail an Cheimiceach : Ne

Grúpa VIII A - Na Gáis Noble


Neon cosúil le gach triathgháis aon-adhamach . Go bhfuil na comharthaí neoin ar an eolas i storefront agus bialann fuinneoga gáis neon go glows nuair a bheidh sé energized ag urscaoileadh leictreach . Nuair a tharlaíonn sé seo , adaimh neoin sa ghás a thabhairt amach radaíocht i bhfoirm oráiste - dearg solas . Gáis éagsúla chun comharthaí colurs éagsúla a tháirgeadh . Gach gás nuair a sceitimíní radiates a dath sainiúil féin . Tá neoin tráchtála a tháirgtear i ngléasraí aer - leachtú . Toisc go bhfuil neon fiuchphointe - 229 céime ceinteagrádach , tá sé fós mar iarmhair tar éis an nitrigin agus ocsaigin níos so-ghalaithe a bheith bruite as!

sóidiam

Uimhir Adamhach : 11

Siombail an Cheimiceach : Na

Grúpa IA - An Miotail Alkali


Is sóidiam solas miotail silvery geal thar a bheith imoibríoch go leor chun snámh ar uisce agus bog go leor chun a ghearradh le scian . Tá sé mar chuid de go leor comhdhúile tábhachtacha atá le fáil a dháileadh go forleathan ar fud an domhain . Tá clóiríd sóidiam , an t-ainm ceimiceach le haghaidh salann boird chinneadh i gcainníochtaí ollmhór ó thaiscí salann nádúrtha . Tá décharbónáite sóidiam a dtugtar de ghnáth mar sóid aráin a úsáideadh chun ardú earraí baked nuair a théitear nó taosráin taos ardú nuair a bhácáil . Tá sé úsáid freisin chun neodrú aigéadacht boilg iomarcach agus mar ghníomhaire i múchtóirí dóiteáin .


MAGNESIUM

Líon Adamhach : 12

Siombail an Cheimiceach : Mg

Grúpa II - alcaileacha An Miotail Domhan


Tá Maignéisiam i láthair i gcainníochtaí móra den sórt sin i sáile go bhfuil aigéin an domhain soláthar beagnach gan teorainn ar an ábhar a tuaslagadh . Is é an buntáiste mór go bhfuil sé an- éadrom a dhéanann freisin sé oiriúnach do fabricating gluaisteán agus páirteanna aerárthach , uirlisí cumhachta , Cásálacha lomaire faiche agus rothair rásaíochta . Tá Maignéisiam tábhachtach do cothaithe cuí i ndaoine chomh maith toisc go bhfuil sé fíor-riachtanach do dhea-oibriú roinnt einsímí . Tá sé freisin ar ról ríthábhachtach i gcomhdhéanamh an - suas de na chlorophylls glas i láthair i ngach cealla plandaí glas .


ALUMINUM

Uimhir Adamhach : 13

Siombail an Cheimiceach : Al

Grúpa III A

De ghnáth, le fáil sa dúlra in éineacht le hocsaigin , is é alúmanam an miotail is flúirseach i screamh an domhain . Tá sé lightweight agus seoltóir maith leictreachais , dhá mhaoin go mbeadh sé chomhábhar oiriúnach do réimse leathan de tháirgí . Tá sé mar frithchaiteoir den scoth radaíochta agus a úsáidtear le haghaidh cineálacha éagsúla de antennas , frithchaiteoirí teasa , agus scátháin gréine . Taobh amuigh de na maoine eile , is é alúmanam cothrom imoibríoch . Cruthaíonn sé ciseal ocsaíd go bhfuil cosc air ó thuilleadh frithghníomhartha leis an gcomhshaol ionas go meastar go bhfuil sé de ghnáth creimeadh - resistant . Tá alúmanam freisin neamh - tocsaineach, gan bholadh agus gan bhlas .

SILICON

Uimhir Adamhach : 14

Cheimiceach Siombail : Si

Grúpa IV A

Comhdhúile de sileacain cheangal ceimiceach le ocsaigin a dhéanamh suas an chuid is mó de ghaineamh , carraig an domhain agus ithreach . Foirmeacha sileacain Inniu an bonn tionscail micrileictreonaic . Tá an úsáid a bhaint as sliseanna sileacain i Ciorcaid phriontáilte rinne sé indéanta seomra an crapadh ríomhairí meánmhéide i cinn is féidir a gcuid eile ar do lap . Is é an cumaisc sileacain is tábhachtaí shilice atá ann i dhá fhoirm - Grianchloch agus breochloch . Tá GEMS Bheaga agus leath-clocha lómhara criostail Grianchloch le neamhíonachtaí daite . Tá shilice a úsáidtear i dtáirgeadh gloine . Tá Criadóireacht agus sileacóin aicmí tábhachtacha eile de chomhdhúile atá bunaithe ar sileacain .

fosfar

Uimhir Adamhach : 15

Siombail an Cheimiceach : P

Grúpa VA

Cuireadh Fosfar amach ag dochtúir Hennig Brand i 1669 . Dhriogtar sé an t-iarmhar ó boiled síos fual agus a fhaightear rud éigin glowed sa dorchadas agus pléasctha i lasracha i aer te . Fosfar agus astaíochtaí solais atá nasctha fós sa feiniméan ar a dtugtar phosphorescence . Is suilfíd since an t-ábhar phosphorescent a thugann amach scintillations solais nuair a bhuailtear le leictreoin ag gluaiseacht go tapa . Táirgeann sé seo i bhfeidhm ar an sciath feadán teilifíse ar an íomhá teilifíse . Beagnach gach fosfar a úsáidtear ar bhonn tráchtála a dhéanamh aigéad fosfarach . Is é a úsáid mhór i dtáirgeadh leasacháin - ithir gan fosfar atá barren . Le fáil go coitianta i dhá fhoirm ie dearg agus buí , tá an iar- a úsáideadh chun cluichí sábháilteachta .

SULPHUR

Uimhir Adamhach : 16

Siombail an Cheimiceach : S

Grúpa VI A

Is Sulfar imoibríoch neamh - mhiotal fáil sa dúlra araon ina staid eiliminteach saor in aisce agus i bhfoirm mianta a dháileadh go forleathan agus mianraí . Tá roinnt mianraí coitianta de Sulfair gipseam ie sulfáit cailciam agus pirít ar a dtugtar go minic mar an ' óir amadán ' . Sa bhreis ar a tábhacht i ndéanamh leasacháin shaorga , bia a chaomhnú , teicstílí thuaradh agus miotal ghlanadh , tá comhdhúile sulfair céadta úsáidí eile i miotail ó mianta teacht chucu féin , a dhéanamh rubair , glantaigh , péinteanna agus ruaimeanna , agus snáithíní sintéiseacha . Go deimhin , tá leibhéal an náisiúin forbartha tionscail a chinnfear de réir a tomhaltas per capita de Sulfair .

CHLORINE

Uimhir Adamhach : 17

Siombail an Cheimiceach : Cl

Grúpa VII - An halaiginí

Tá Clóirín yellowish gáis diatomic glas nimhiúil . Is féidir inhaling fiú méid beag ina chúis le damáiste tromchúiseach scamhóg . Déanann an tocsaineacht de chorine sé dífhabhtán den scoth do linnte snámha agus soláthairtí uisce . Tá cumaisc thábhachtach de chlóirín clóiríd hidrigine , gás a thuaslagann in uisce a thabhairt ar aird aigéad hidreaclórach . Tá aigéad hidreaclórach i láthair sa sú gastric boilg ina bhfuil sé ag teastáil próitéine a ghníomhachtú einsímí díleá . Méideanna móra de chlóirín a úsáid chun feithidicídí a tháirgeadh . A lán acu ar cuireadh toirmeasc le déanaí mar atá siad a mheas mar truailleáin chomhshaoil .

Argón

Uimhir Adamhach : 18

Siombail an Cheimiceach : Ar

Grúpa VIII A - Na Gáis Noble

Sa bhliain 1894 , bhí Argón an chéad gáis uasal a fuair sé amach . Dhéanamh ar a feidhmeanna tráchtála úsáid a bhaint as a easpa imoibríochta . Is Argón an táirge meath de tábhachtach raidió - iseatóp a úsáidtear le haghaidh samplaí carraig dhátú , tá teicníc potaisiam - 40.The ar a dtugtar potaisiam - Argón dhátú . Tá leathré unusually fada de 1.25 billiún bliain Potaisiam agus atá i láthair i go leor carraigeacha . Nuair a Meathann potaisiam 40 , transforms sé é féin isteach i Argón . Dá bhrí sin is féidir ceann a chinneadh an aois charraig ag a chinneadh cé go bhfuil i bhfad Argón láthair . Na carraigeacha is sine ar domhan bheith arna gcinneadh ag an modh seo mar 3.8 billiún bliain d'aois .

potaisiam

Uimhir Adamhach : 19

Cheimiceach Siombail : K

Grúpa IA An Miotail Alkali

Is Potaisiam thar a bheith frithghníomhach mar sin tá sé riamh le fáil ina staid saor in aisce sa nádúr . Tá sé le fáil i sáile , cé gur i méideanna níos lú ná sóidiam , a choibhéis ceimiceach . Tá Potaisiam riachtanach do go bhfuil fás plandaí an oiread sin ar an potaisiam i mianraí tuaslagtha tógtha suas ag plandaí a bhaint amach roimh an fharraige . Tá iseatóp tharlaíonn go nádúrtha de photaisiam tá potssium - 40.Human comhlacht 140 gram de potaisiam . Ós rud é go bhfuil an raidhse de potaisiam -40

0.012 faoin gcéad , tá muid go léir i bpáirt agus suas den iseatóp seo frithghníomhach . Tá sé go mór chun ár dáileog radaíochta shaolré

## Cailciam

Uimhir Adamhach : 20

Cheimiceach Siombail : Ca

Grúpa II - Alkali An Miotail Domhan

Is Cailciam chomhábhar tábhachtach do réimse leathan na n-orgánach beo. Bhfuil fiacla agus cnámha daonna cailciam agus orgáin mara a thógáil a n- sliogáin carbónáit chailciam . Aoil , le cumaisc de cailciam is cheimiceán riachtanach tionsclaíoch . Ceann de na húsáidí go luath a bhí i soilsiú amharclainne . Nuair aol téite le teacht ard , tugann sé amach solas bluish - bán dian . Bhí sé in úsáid go luath sa 19ú haois do ghníomhaithe is cúis leis an abairt illuminate ' sholas an tsaoil mhór . ' Is dócha go bhfuil an úsáid is tábhachtaí nua-aimseartha de aoil i dtáirgeadh iarann óna mianaigh .

## scaindiam

Uimhir Adamhach : 21

Cheimiceach Siombail : Sc

Grúpa III B Chéad Rae Eilimint Idirbhliain

Cinnirí scaindiam an chéad ndúl trasdultach chéile . Tá gach miotal cothrom neamh-imoibríoch agus tá go leor thar a bheith guaiseach . Is scaindiam miotail meáchan an- éadrom le pointe ard go leor leá agus léiríonn friotaíocht maith le creimeadh . Na maoine a rinne sé de suim mhór ar an tionscal aeraspáis haghaidh tógáil aerárthaigh . Foirmeacha scaindiam comhdhúile úsáideach beag . Tá an miotail féin le fáil roinnt úsáid i feistí leictreonacha ar nós lampaí déine ard a tháirgeadh éadrom le luach dath gar do sholas na gréine nádúrtha . Lampaí den chineál seo a úsáidtear go minic chun illuminate stadiums sacair .

TITANIUM

Uimhir Adamhach : 22

Siombail an Cheimiceach : TI

Dúil aistriú Grúpa IV B Chéad Rae


Tá Tíotáiniam ina staid íon le miotail atá éasca a bheith ag obair agus go leor insínte nó is féidir a tharraingt isteach sreang . In ainneoin a meáchan éadrom , tá sé unusually láidir agus beagnach imdhíonachta do chineálacha is gnách ar an tuirse miotail . Tá sé freisin ar friotaíocht urghnách a creimeadh ionas go bhfuil sé gach mhaoin ag teastáil chun é a dhéanamh ar ábhar oiriúnach d'innill scaird agus roicéid . Is é an cumaisc is tábhachtaí dé-ocsaíde tíotáiniam substaint le dath bán iontach dian a úsáidtear mar lí do péinteanna , páipéar agus plaisteach .


VANADIUM

Uimhir Adamhach : 23

Siombail an Cheimiceach : V

Grúpa VB Chéad Rae Eilimint Idirbhliain


Is Vanaidiam miotail lonracha geal atá cothrom bog agus thar a bheith resistant a creimeadh . A ollamh Mheicsiceo viz mianreolaíocht Andres Manuel del Rio fuair sé amach cróm i 1801 . Ainmníodh é ina dhiaidh sin i ndiaidh an bandia Lochlannacha Vanadis mar gheall ar a lán comhdhúile daite álainne . Téann thart ar 80 % de na cróm tháirgtear sna Stáit Aontaithe i monarú cruach .


TOLUENE

Uimhir Atonic : 24

Cheimiceach Siombail : Cr

Grúpa VI B Chéad Rae Eilimint Idirbhliain

Ainmníodh Cróimiam as an focal Gréigise ' chroma ' a chiallaíonn dath . Tá an dath álainn go leor lómhar GEMS - an dearg na rubies , an glas ar saintréith de chuid na emeralds é - mar gheall ar an láithreacht rian méid cróimiam . Is é an miotal a bhaintear de ghnáth ó chromite, ocsaíd cróimiam go bhfuil a méine is tábhachtaí . Nuair a nochtar don aer , foirmeacha cróimiam ocsaíd dofheicthe a dhéanann sé thar a bheith resistant a creimeadh agus an- úsáideach araon mar sciath maisiúil agus cosanta thar miotal eile cosúil le práis , cré-umha agus cruach . Tá Cróimiam úsáid freisin chun a tháirgeadh cruach dhosmálta .

MANGANESE

Uimhir Adamhach : 25

Siombail an Cheimiceach : mn

Grúpa VII B Chéad Rae Eilimint Idirbhliain

Is Mangainéis miotail liath - bhán crua go Breathnaíonn mhaith agus tá go leor airíonna cosúil leis iarann . Nuair a chuirfear do mhangainéis le cruach dhéanann é unusually crua agus resistant a turraing . Tá cruach den sórt sin oiriúnach le húsáid i bairillí raidhfil , boghtaí bainc , rianta railroad , agus trealamh ag gluaiseacht talún . Mangainéis Cuireann freisin hardness, neart agus friotaíocht creimeadh le cóimhiotail alúmanam agus maignéisiam . Tá dath purplish go bhfuil le feiceáil uaireanta i gloine antique an sármhanganáite potaisiam cumaisc . Cé monaróirí gloine a thuilleadh a úsáid mangainéise , tá a chumas chun rudaí a dath a úsáidtear chun criadóireacht agus potaireacht brighten .

Iarann

Uimhir Adamhach : 26

Siombail an Cheimiceach : Fe

Grúpa VIII B Chéad Rae Eilimint Idirbhliain

Is Iarann dócha go bhfuil an miotail is coitianta sa tsochaí dhaonna . Cibé an bhfuil muid ag baint úsáide as scriúire nó marcaíocht ar ghluaisteán nó train , is é an tábhacht agus a úsáidí iarann mar ábhar struchtúrtha féin soiléir . Tá an taobh istigh an domhain ar a dtugtar croí déanta as iarann leáite . An cumas a bheachtú an miotal a sheirbheáil mar chloch mhíle mhór i bhforbairt an duine ar a dtugtar an

Iarannaois ( 1000 RC ) . A luaidhe fionnachtain chun uirlisí agus airm a bhí níos deacra agus níos durable ná iad siúd de Chré-Umhaois . Sa lá atá inniu níos mó ná 90 % de na miotail iarann scagtha .

COBALT

Uimhir Adamhach : 27

Siombail an Cheimiceach : Co

Grúpa VIII B Chéad Rae Eilimint Idirbhliain

Is méine cóbalt mór cobaltite . Is é an miotal íon a fhaightear trí róstadh seo méine . Tagann an t-ainm cóbalt as an ' kobold ' na Gearmáine a thagraíonn do spiorad olc . Mianadóirí sin go minic go ba chúis tionóiscí a tharlaíonn in aigne ag ' kobold ' . Tá Cóbalt leanas le cruach chun feabhas a chur ar a friotaíocht a creimeadh . Nuair a bhíonn cóbalt measctha le tungstain agus copair , foirmeacha sé Stellite , miotail go gcoinníonn a cruas ag teochtaí arda a chiallaíonn sé oiriúnach le haghaidh druileanna luas ard agus ionstraimí a ghearradh . Cosúil go bhfuil cóbalt iarann magnetized go héasca . Is é an tsubstaint maighnéadach cumhachtach ar a dtugtar alnico cóimhiotal cóbalt , alúmanam agus nicil .

NICKEL

Uimhir Adamhach : 28

Siombail an Cheimiceach : Ni

Grúpa VIII B Chéad Rae Eilimint Idirbhliain

Tá Nicil leanas go minic le miotal eile cosúil le iarann agus cruach chun foirm cóimhiotail resistant a ocsaídiú . Niocróim é an miotal a úsáidtear chun na heilimintí teasa i tóstaeir agus oighinn leictreacha cóimhiotal de cróimiam agus nicile . Déanann an friotaíocht leictreach ard de niocróm in éineacht lena leáphointe ard sé ina ábhar an- éifeachtach sa leictreachas a théamh a thiontú . Is tábhachtach a úsáid de na miotail i cadhnraí nicil - caidmiam . Is é seo an ceallraí rechargeable a chuireann sé úsáideach go háirithe i áireamháin , ríomhairí agus shavers leictreacha gan sreang .

COPPER

Uimhir Adamhach : 29

Siombail an Cheimiceach : Cu

Grúpa IB Chéad Rae Eilimint Idirbhliain


Tá úsáid eolach ar an uisce sna píopaí go n-iompraíonn an t -uisce isteach sa chistin . Toisc go bhfuil copar ar cheann de na seoltóirí leictreachais is fearr , sreanga copair a úsáidtear go forleathan chun fuinneamh leictreach a tharchur ó stáisiúin chumhachta a dtithe , oifigí , monarchana agus foirgnimh eile agus ó asraonta balla le fearais leictreacha . Cuireadh Copar úsáid aon uair a cnaipí do seaicéid aonfhoirmeacha maidir le póilíní mar sin, an ' copar ' colloquial do na póilíní a dhéanamh . Prás , tá cóimhiotal de chopar agus sinc réimse leathan úsáidí ó crua-earraí go dtí since .


ZINC

Uimhir Adamhach : 30

Siombail an Cheimiceach : Zn

Grúpa I B Chéad Rae Eilimint Idirbhliain


Ina staid íon , is é since crua, sobhriste , miotal silvery . Tá sé sách resistant creimeadh agus go tapa foirmeacha sciath crua ocsaíd a chuireann cosc air ó imoibriú go tuilleadh leis an aer . Sa phróiseas a dtugtar galvanization , tá sraith de since brataithe cruach thar creimeadh a chosc . Tá an miotal úsáidí go leor eile . Ceann de na is tábhachtaí atá sa ceallraí cille coitianta tirim. Ós rud é go bhfuil 1981 since sheirbheáil mar an miotal príomhfheidhmeannach an phingin US . Sinc Tá chéile chomh maith le copar a fhoirmiú práis .


Gailliam

Uimhir Adamhach : 31

Siombail an Cheimiceach : Ga

Grúpa III A Iar Miotal Idirbhliain


Is Gailliam miotal thar a bheith bog leáphointe an- íseal agus fiuchphointe an- ard de 2403 céim ceinteagrádach . Tá an raon teochtaí ag a bhfuil Gailliam leacht is mó ar aon miotail ar a dtugtar . Seo a dhéanann sé úsáideach le haghaidh teirmiméadair leibhéal ard speisialta . Go dtí Bhí ar a dtugtar iarratais cúpla déanaí praiticiúil de ghailliam . Seo athrú go tapa leis an fhionnachtain go bhféadfaí arsainíd ghailliam feidhmiú mar dé-óid léasair agus leictreachais thiontú díreach isteach solas léasair . Óidí astaithe solais a úsáidtear i réimse na uaireadóirí agus imreoirí autodisc .


gearmáiniam

Uimhir Adamhach : 32

Siombail an Cheimiceach : GE

Grúpa IV A Metalloid


Is gné sách annamh soladach dorcha liath gearmáiniam . Ní Tá sé le fáil i bhfoirm íon sa nádúr ach in éineacht le hocsaigin . Tá Gearmáiniam a dtugtar leathsheoltóra . An Chomh maith leis an méid beag na neamhíonachtaí ar mhéaduithe go mór ar a cumas chun leictreachas a sheoladh . Tá gearmáiniam ' dópáilte ' a úsáidtear chun trasraitheoirí atá ag croílár an tionscal leictreonaic soladach stát dhéanamh . Le Dhópála na mílte trasraitheoirí féidir a chumadh anois ar shlis gearmáiniam beag a thiocfaidh chun bheith i bhfeidhm ríomhaire beag . Ábhair den sórt sin a dhéanamh agus is féidir leis an réabhlóid i miniaturization leictreonaic .


ARSENIC

Uimhir Adamhach : 33

Siombail an Cheimiceach : Mar

Grúpa VA Metalloid

Is Arsanaic criostalach brittle soladach ag teocht an tseomra . I bhfoirm ocsaíd arsenious tá sé ina nimh maith ar a dtugtar . Tá sé in úsáid mar a killer fiailí agus feithidicíd . Tá Arsanaic mar nimhe a gabhadh an samhlaíocht na leor scríbhneoir coireachta . Roimh cinn le déanaí i dteicnící fhóiréinseach , bhí sé dodhéanta a bhrath i an íospartaigh comhlacht . Cé gur nimh , tá comhdhúile arsanaice a úsáid chun críocha leighis chomh maith , an chuid is mó maith ar a dtugtar '606 bhail ' a cheap Paul Ehrlich mar leigheas ar tsifilis .

SELENIUM

Uimhir Adamhach : 34

Siombail an Cheimiceach : Se

Grúpa VI A Metalloid

Tá mianraí Seiléiniam bhfuil ró- gann a bhaint brabúsach . Toisc go bhfuil an metalloid le fáil i gcuideachta copair agus Sulfar , tá beagnach gach seiléiniam ghnóthú mar fo - tháirge scagadh copair agus a mhonarú aigéad sulfarach . Ann Seiléiniam i dhá fhoirm - dearg agus liath . Is seiléiniam Gray ar photoconductor a chiallaíonn go cé go seoltóir droch leictreachais de ghnáth , bíonn sé agus seoltóir scoth i láthair solais . Déanann sé seo seiléiniam luachmhar mar braiteoir solais i róbataic agus méadar solais .

BROMINE

Uimhir Adamhach : 35

Siombail an Cheimiceach : Br

Grúpa VII An halaiginí

Is Bróimín leacht reddish le boladh acrid . Is é an t-ainm atá díorthaithe ó na bromos Gréigise bhrí stench . Is féidir Bróimín a fháil i sáile , mianaigh salainn faoi thalamh , agus toibreacha sáile domhain . Tá an-úsáid as bróimín i tháirgeadh breiseán peitril a dtugtar dibromide eitiléine . Cuireann sé seo an cumaisc breiseáin luaidhe i ndiaidh Dó artola cosc a chur le foirmiú na taiscí luaidhe . Is Bróimín thar a bheith tocsaineach agus go dó an gcraiceann . Thairis sin is féidir a gala urchóideach damáiste srón agus scornach .

Crioptón

Uimhir Adamhach : 36

Siombail an Cheimiceach : Kr

Grúpa VIII A An Gáis Noble

Sa bhliain 1933 Linus Pauling agóid i gcoinne an smaoineamh go raibh na triathgháis ceimiceach támh . Dheimhnigh An bhfuil an cumaisc thuar sé de Crioptón agus fluairín i 1966 . Is Crioptón ar bholadh , tasteless , gan dath gáis go hiomlán harmless . Is é a úsáid príomhfheidhmeannach i soilse ' neoin ' go bhfuil cuid den tírdhreach nua-aimseartha . Nuair séalaithe i bhfeadán gloine agus faoi réir urscaoileadh leictreach , táirgeann Crioptón dath Violet pale a úsáidtear le haghaidh rúidbhealach aerfort agus an cur chuige soilse . Crioptón úsáidtear freisin measctha le xeanón i déine ard , gearr - nochtadh bolgáin flash grianghrafadóireachta nó soilse strobe .

Rubidium

Uimhir Adamhach : 37

Siombail an Cheimiceach : RB

Grúpa IA An Miotail Alkali

Is Rubidium le , miotal an- imoibríoch an- bog silvery a dó go spontáineach nuair a nochtar don aer . Imoibríonn sé freisin go foirtil le huisce ag tabhairt amach cainníochtaí móra de hidrigin a bpléascann díreach i lasracha mar gheall ar an teas a ghineann an imoibriú . Is Rubidium i bhfad ró- imoibríoch ann miotail íon i nádúr agus mianraí beag ar a bhfuil Rubidium is eol . Tá Rubidium beag an luach tráchtála . Thángthas ar an miotail i 1861 ag poitigéirí Gearmáine Robert Bunsen agus Gustav Kirchoff . Aithin siad é ag línte speictreacha mar eisíontas i measc na miotail alcaile go leor go raibh siad ag fiosrú .

strointiam

Uimhir Adamhach : 38

Siombail an Cheimiceach : tSiúr

Grúpa IIA An alcaileacha Miotail Domhan

Tá mórán úsáide tráchtála strointiam agus a chomhdhúile a fuair ach feidhm theoranta i dtionscal . Ós rud é salainn strointiam carbónáit strointiam , mar shampla scaoileann dath dearg tréith nuair a sruthán siad , úsáidtear iad i mbladhmanna rabhaidh mhórbhealaigh agus i tinte ealaíne . Ceann de na iseatóip de strointiam , is tSiúr - 90 ina radaighníomhach de réir táirge de pléascanna núicléach agus is féidir contaminate limistéir mhóra de chomhshaol trí fallout ón atmaisféar . Ós rud é go bhfuil strointiam 90 tháirgtear aon uair a undergoes úráiniam eamhnú , ní mór d'oibreoirí na n-imoibreoirí núicléacha a bheith i gcónaí ar garda chun cosc a chur ar a scaoileadh de thaisme isteach sa chomhshaol .

itriam

Uimhir Adamhach : 39

Siombail an Cheimiceach : Y

Grúpa III B Eilimint Idirbhliain

Tá itriam le fáil i gcainníochtaí beaga i screamh an domhain , ach na carraigeacha thabhairt ar ais ón Gealach raibh ábhar itriam ard gan choinne . Nuair a bhíonn a n- teocht a ísliú go dtí ach cúpla céimeanna thuas nialas absalóideach , a thaispeáint beagnach gach miotal aon friotaíocht leictreach ar bith . Tá teocht an-íseal praiticiúil , áfach . Sa bhliain 1987 d'fhógair eolaithe an teacht ar cumaisc itriam , copar agus bhairiam ocsaíd go raibh superconducting ag 93 céim Kelvin . Meascáin eile den ngné seo á n-imscrúdú agus tá dóchas go mbeadh duine amháin acu dul amach a bheith ina superconductor teocht ard praiticiúil .

ZIRCONIUM

Uimhir Adamhach : 40

Siombail an Cheimiceach : Zr

Grúpa IV B Eilimint Idirbhliain


Is Siorcóiniam láidir , miotal durable . Déanann a cumas chun withstand teocht ard é chomhábhar idéalach le haghaidh ábhar teasa resistant sa spásárthaí . Is é an cumaisc fearr ar a dtugtar de siorcóiniam an siorcóin miotail . Tá sé ar eolas ó am ársa agus fiú dá dtagraítear sa Bhíobla . Aimsíodh i réimse leathan dathanna , nuair a bhíonn an criostail gearrtha agus snasta tá sé mar a bheadh GEM lómhara agus leathlómhara . Tá Siorcón innéacs an-ard athraonta . Mar gheall ar seo , tá a chuid criostail gan dath ar brilliance neamhghnách agus úsáidtear iad uaireanta mar ionadaithe do diamaint .


NIOBIUM

Uimhir Adamhach : 41

Siombail an Cheimiceach : NB

Grúpa VB Eilimint Idirbhliain


Tá an niaibiam miotail a bhí tábhachtach i stair na superconductivity teocht ard . Tá sé de cóimhiotal comhdhéanta de niobium agus gearmáiniam an cumas chun withstand sruthanna móra a cheadaíonn an tógáil maighnéid superconducting le haghaidh ionstraimí den sórt sin mar maighnéadach núicléach

scanóirí athshondais a úsáidtear i leigheas diagnóiseach . Niobium a leanas le cruach chun críocha speisialta . Ag teochtaí arda na teorainneacha idir na grán beag a dhéanann suas cruach dhosmálta a lagú agus corrode níos éasca ná an chuid eile den cruach . An Chomh maith niobium cosc ar seo ó tarlú ligean cruach a withstand teocht i bhfad níos airde faoi strus mhór .


MOLYBDENUM

Uimhir Adamhach : 42

Siombail an Cheimiceach : Mb

Grúpa VI B Eilimint Idirbhliain

Is moluibdín miotail silvery crua . Taiscí measartha mór molybdenite le fáil i Colorado , SAM. Is Cruach ina bhfuil moluibdín oireann go maith do aerárthaí agus inneall gluaisteán páirteanna . Tá sé in ann a withstand athruithe teochta agus brú i gcónaí ar siúl i inneall . Ar an gcúis céanna, tá sé in úsáid i monarú gunnaí agus gunnaí móra . Ceann de na hiseatóip radaighníomhacha , tá moluibdín - 99 a úsáidtear in ospidéil teicnéitiam - 99 a bhfuil an- úsáideach pictiúir de orgáin inmheánacha a ghlacadh tar éis a bheith glactha go hinmheánach a ghiniúint .

teicnéitiam

Uimhir Adamhach : 43

Siombail an Cheimiceach : Tc

Grúpa VII B Eilimint Idirbhliain

Bhí an chéad rud a chaithfear a tháirgtear i saotharlann ó eile element.Logically a thógann sé a ainm ó na Gréige teknetos bhrí saorga Teicnéitiam . Tá gach iseatóp radaighníomhach agus Meathann chun iseatóp de eilimint éagsúil . Sa lá atá inniu a tháirgeadh imoibreoirí núicléacha ar cheann de na is úsáideach iseatóip teicnéitiam , teicnéitiam - 99m . Nuair a bheidh sé i ghann i veins othair , beidh an iseatóp díriú i orgáin chomhlachta áirithe agus beidh a nochtadh radaighníomhaíocht pláta grianghrafadóireachta nochtadh bealach ina dhéantar na horgáin feidhmiú .

Ruitéiniam

Uimhir Adamhach : 44

Siombail an Cheimiceach : Ru

Grúpa VIII B Eilimint Idirbhliain

Is eilimint annamh a ghnóthaíonn de ghnáth mar de réir táirge de scagadh mianta platanam Ruitéiniam . Tá Den chuid is mó Ruitéiniam úsáid mar chatalaíoch le haghaidh próisis thionsclaíocha . Tá sé in úsáid mar chatalaíoch i gás hidrigine a fháil go díreach scoilteadh móilíní uisce seachas electrolysis.Rutheniumis úsáid freisin sa ghnó seodra mar bhreiseán hardening le platanam agus tá sé curtha go minic chun tíotáiniam chun feabhas a chur ar a friotaíocht a creimeadh . Cóimhiotail eile de Ruitéiniam a úsáidtear i bpointí peann tobair agus teagmhálacha leictreacha speisialta .

róidiam

Uimhir Adamhach : 45

Siombail an Cheimiceach : Rh

Grúpa VIII B Eilimint Idirbhliain

Is Róidiam annamh , miotal liath silvery thar a bheith deacair . Fuarthas amach ag William WOLLASTON i 1803 . Ainmnithe sé é tar éis an rhodon focal Gréigise le haghaidh ardaigh mar gheall ar go leor de na salainn a bhfuil dath ardaigh . Tá sé in úsáid i tiontairí catalaíoch na ngluaisteán . Is foinse mhór de thruailliú an atmaisféir Is iad na gáis sceite . Is é an tiontaire catalaíoch líonadh le coirníní catalaíoch beag ina bhfuil platanam , Pallaidiam agus an choirt a thiontú gáis sceite te go pas a fháil trí iad i dtáirgí harmless .

Pallaidiam

Uimhir Adamhach : 46

Siombail an Cheimiceach : PD

Grúpa VIII B Eilimint Idirbhliain

Is Pallaidiam miotail bog bán silvery go resembles platanam . Tá sé thar a bheith intuargainte agus insínte . An úsáid spéisiúil de Pallaidiam chun cinn nuair a bhí sé a chinneadh serendipitously go raibh sé úsáideach i chóireáil ailse le cosc roinn ceall agus bhí réasúnta saor fo-éifeachtaí . Le saol leath de ach 17 lá , is féidir leis an iseatóp palladium103 a sheachadadh dáileoga radaíochta ailse cumhachtach a mhilleadh agus ansin imíonn siad tar éis beagán níos mó ná mí .

SILVER

Uimhir Adamhach : 47

Siombail an Cheimiceach : Ag

Grúpa IB Eilimint Idirbhliain ( Coighneála Miotal )

Tá Silver ar cheann de na miotail beag le fáil i stát saor in aisce i nádúr agus a thagann siombail Ag ón argentum focal Laidine a chiallaíonn airgead . Tá sé a bhfuil miotail é monaíochta ó am Bhíobla b'fhéidir fiú níos luaithe . As na miotail , go bhfuil airgead an seoltóir is fearr de teas agus leictreachas . Níl sé a úsáidtear de ghnáth i sreangú sa bhaile mar gheall ar chostas ach a úsáidtear go forleathan i monarú trealamh leictreonach d'ardchaighdeán .

CADMIUM

Uimhir Adamhach : 48

Siombail an Cheimiceach : CD

Grúpa II B Eilimint Idirbhliain

Tá Caidmiam i láthair i gcainníochtaí móra den sórt sin mianta since rud é go meastar go ginearálta de réir táirge a scagadh since . Is é an úsáid mhór de na miotail i leictreaphlátála déanta as cruach chun é a chosc ó chreimeadh . Tá sé in úsáid chomh minic ná since toisc go bhfuil sé níos lú flúirseach agus tá claonadh a chur faoi deara fadhbanna sláinte . Is é an cumas chun caidmiam neodróin ionsú tábhacht mhór i ndearadh na slata rialú imoibreora núicléach . Tá Caidmiam úsáid freisin mar lí dearg agus buí a dhéanamh péinteáil.

Indiam

Uimhir Adamhach : 49

Siombail an Cheimiceach : I

Grúpa III A Iar miotal trasdultach

Is Indiam miotail annamh bán bluish bog go leor chun rianta de féin a fhágáil nuair a rubbed go bríomhar i gcoinne miotail eile . Tá feidhmeanna tráchtála cúpla Indiam íon agus tá sé in úsáid go príomha mar cóimhiotal le miotail eile . Tá cóimhiotail Indiam agus Indiam airgid agus luaidhe agus seoltóirí níos fearr ná airgead nó mar thoradh aonar . Tá siad le fáil freisin úsáidí i monarú trasraitheoirí agus cealla grianghraf . Scragaill Indiam isteach go minic i imoibreoirí núicléacha chun rialú a dhéanamh ar an imoibriú núicléach . Feidhmíonn an ráta a thiocfaidh na scragaill radaighníomhach mar thomhas luachmhar de na imoibrithe ar siúl .

TIN

Uimhir Adamhach : 50

Siombail an Cheimiceach : Sn

Grúpa IV A Iar Miotal Idirbhliain

Stáin bhí i measc an chéad miotail a úsáidtear ag daoine . Cré-umha , cóimhiotal copair agus stáin a bhí in úsáid san Éigipt níos mó ná 5000 bliain ó shin . Sa lá atá inniu tá sé in úsáid go príomha mar ghníomhaire chóimhiotalach agus a dhéanamh pláta stáin a bhfuil leatháin cruach clúdaithe le sciath tanaí de stáin . Toisc chosnaíonn stáin cruach ó aigéid bhia , baineadh úsáid as pláta stáin a dhéanamh cannaí stáin do bhia ach curtha ina ionad anois den chuid is mó ag plaisteach agus alúmanaim . Tá sé ar cheann de na miotal is intuargainte a dtugtar .

ANTIMONY

Uimhir Adamhach : 51

Siombail an Cheimiceach : Sb

Grúpa VA Metalloid

Is Antamón crua , sobhriste , criostalach , grayish , soladach . Cé go dtugtar mar a bhfuil miotail é , tá sé ina seoltóir an- lag leictreachais . Is é an méine a feidhmíonn sé mar an phríomhfhoinse an stibnite mianraí . A cumaisc dubh , bhí sé in úsáid i ré ársa a Dorchaigh eyebrows mban . Tá úsáid mhór don Antamón chluiche comhchoiteanna sábháilteachta . Tá an ceann an matchstick meascán de trisulfide

Antamón agus oibreán ocsaídeach , mar shampla Clóráit photaisiam . Tá Antamón cúpla úsáidí tráchtála eile . Mar cóimhiotal féidir é a mhéadú ar an cruas go leor mhiotail .

Teallúiriam

Uimhir Adamhach : 52

Siombail an Cheimiceach : Te

Grúpa VI A Metalloid

Is Teallúiriam ar metalloid silvery - bán annamh . Murab ionann agus miotail tipiciúil , tá sé brittle agus seoltóir droch leictreachais . Tá Teallúiriam ar cheann de na heilimintí a roinnt go chéile le hór . Na comhdhúile sé foirmeacha a dtugtar tellurides óir agus a dhéanann siad suas ina chomhpháirt an-tábhachtach mianta bhfuil ór . Tá Teallúiriam a aisghabháil go minic mar de réir táirge i refinement óir agus freisin as copar . Is é an úsáid príomhfheidhmeannach Teallúiriam mar bhreiseán do mhiotail nós copar agus cruach dhosmálta a chruthú cóimhiotal atá níos éasca a meaisín ná an miotail bunaidh .

iaidín

Uimhir Adamhach : 53

Siombail an Cheimiceach : mé

Grúpa VIIA na halaiginí

Is Iaidín Violet dubh soladach le fáil san fheamainn , toibreacha sáile agus san fharraige . Cé gur nimh , tá sé ar cheann de na húsáidí is coitianta mar tincture réiteach antiseptic iaidín . Salainn iaidín a chuirtear le salann boird agus beatha ainmhithe . Déantar é seo mar go bhfuil iaidín cuid thábhachtach den thyroxine hormone secreted ag faireoga thyroid agus cuidíonn a chinntiú go bhfeidhmíonn an gland i gceart . Tá iaidíd Silver an cumas a fhoirmiú líon ollmhór na n - criostail mar go leor mar aon mhilliún billiún ó cheann graim - a ghníomhóidh mar núicléas do fhoirmiú raindrop .

xeanón

Uimhir adamhach ; 54

Siombail an Cheimiceach : Xe

Grúpa VIII A An Gáis Noble


Xeanón ann i atmaisféar i méideanna rian amháin . Cosúil leis an triathgháis eile atá sé mar móilín aon-adhamach nach bhfuil aon boladh nó blas dath . Sa bhliain 1962 , Neil Bartlett rinne an poitigéir Béarla an chéad cumaisc gáis uasal . Le chéile sé xeanón agus heicseafluairíd platanam agus i bhfad ar a chuid astonishment fhaightear , cumaisc buí - oráiste soladach a bhí comhdhéanta de mhóilíní xeanón , platinim agus fluairín . Go dtí seo tá xeanón agus Crioptón na triathgháis amháin ar a dtugtar chun comhdhúile a dhéanamh . Cosúil le triathgháis eile , tá xeanón úsáidtear i fheadáin scaoilte leictreach solas a thabhairt ar aird .


Caeisiam

Uimhir Adamhach : 55

Siombail an Cheimiceach : CS

Grúpa IA An Miotail Alkali


Is é caeisiam Pure miotail softest ar a dtugtar . Tá a imoibríocht mhór a rinneadh sé úsáideach i bhaint gáis nach dteastaíonn ó chórais bhfolús , mar shampla laistigh d'fheadán teilifíse . An iseatóp caeisiam - 133 feidhmíonn sé mar an domhain thomhas oifigiúil ama . Is é an dara a thomhas i dtéarmaí na radaíochta a astaítear ag adamh caeisiam 133 nuair a bheidh sé corraithe ag foinse fuinnimh seachtrach seachas i dtéarmaí rothlaithe an domhain ar fud an ghrian mar a úsáidtear é a bheith. Déantar cur síos ar an dara mar an t-am caite go díreach 9192531770 vibrations na radaíochta a astaítear ag caesuim - 133 adamh .


BARIUM

Uimhir Adamhach : 56

Siombail an Cheimiceach : Ba

Grúpa IIA An alcaileacha Miotail Domhan


I bhfoirm salann intuaslagtha , tá bhairiam go leor tocsaineach . Ar an láimh eile, i bhfoirmeacha dothuaslagtha is harmless a gcorp an duine . Raideolaithe úsáid sulfáit bhairiam chun scrúdú a dhéanamh Tá othair conradh intestinal le Xrays.Barium sulfáit freisin ar roinnt úsáidí eile atá bunaithe ar a tuaslagthacht íseal in uisce agus dath bán . Tá sé in úsáid mar whitener ar plátaí grianghrafacha agus mar filler i páipéar, plaistigh agus snáithíní saorga scríobh . Tá miotal bhairiam feidhmeanna tráchtála cúpla mar gheall ar a bhfonnmhaireacht chun imoibríonn le hocsaigin agus taise .


lantanam

Uimhir Adamhach : 57

Siombail an Cheimiceach : La

Grúpa III B Uathúla Earth Eilimint ( Lanthanides )


Is é Lantanam an chéad cheann de shraith gann eilimint domhain . Tá sé coitianta a aimsiú gnéithe neamhchoitianta go leor measctha le chéile i mianraí amháin . Is dócha go bhfuil an úsáid is tábhachtaí de na comhdhúile lanthanide i fabricating na leictreoidí le haghaidh an déine lampaí stua carbóin ard a úsáidtear i tóirshoilse , soilsiú stiúideo agus teilgeoirí pictiúr tairiscint . Lantanam agus a iseatóip atá le fáil sna blúirí go bhfuil a tháirgtear nuair a fissions úráiniam . Ba é an fionnachtain iseatóip lantanam chomh maith leo siúd de bhairiam ag poitigéir Gearmáine Otto Hahn go dtiocfadh deireadh leis an smaoineamh scoilteadh núicléach .


cerium

Uimhir Adamhach : 58

Siombail an Cheimiceach : Ce

Grúpa III B Uathúla Earth Eilimintí ( Lanthanides )

Ainmníodh cerium tar éis an astaróideach Ceres a bhfuil a fionnachtain sa bhliain 1801 ba chúis excitement mór ar fud an domhain eolaíoch . Ní raibh an fhoirm mhiotalacha íon de cerium ullmhaithe go dtí 1875 . Is miotal liath iarann go bhfuil go leor intuargainte agus insínte . Comhdhúile cerium cosúil leis na cinn de lantanam a úsáidtear ar bhonn tráchtála chun foirm leictreoidí an déine lampaí ard stua charbóin . Toisc go bhfuil cerium ocsaíd úsáid mar bhreiseán do na ballaí oigheann féin-ghlanadh i gcás inar cosúil chun cosc a chur buildup iarmhar cócaireachta .

praiséidimiam

Uimhir Adamhach : 59

Siombail an Cheimiceach : Pr

Grúpa III B Uathúla Earth Eilimintí ( Lanthanides )

Bhí sé amach ag Carl Auer von Welsbach , ar barún Ostair a raibh suim acu i mianreolaíocht . Is é an miotal íon scoite amach óna mianta ag teicníc ian - mhalartú . Tá próiseas malartaithe a úsáideadh chun isolate ar cheann de chineál ian trí sé le chéile . I phróiseas amháin den sórt sin go bhfuil an comhábhar gníomhach roisín déanta suas de mhóilíní móra a bhfuil struchtúr netlike . Tá an roisín hiain soghluaiste scaoilte ceangailte leis an glan . Nuair tuaslagán ina bhfuil na hiain eile a chuaigh tríd an roisín , iad in ionad hiain soghluaiste a diffuse ansin amach as an glan .

Neoidimiam

Uimhir Adamhach : 60

Siombail an Cheimiceach : ND

Grúpa III A Domhan Eilimintí Uathúla ( Lanthanides )

Is substaint maighnéadach a úsáidtear a chruthú roinnt de na maighnéid is cumhachtaí sa domhan . Na supermagnets Tugtar maighnéid NIB mar go bhfuil siad iarann agus bórón mar go bhfuil well.They chomh láidir go dhá maighnéid beaga le preas le ceachtar taobh amháin ar láimh gan titim . Tá maighnéad ú ach trastomhas orlach leath láidir go leor chun freagra a thabhairt ar ábhair mhaighnéadacha i dúch priontála a úsáidtear i airgead páipéir agus is féidir iad a úsáid góchumtha a bhrath . Tá sé úsáid freisin i ardaigh daite spéaclaí !


PROMETHIUM

Uimhir Adamhach : 61

Siombail an Cheimiceach : Pm

Grúpa III B Uathúla Earth Eilimintí ( Lanthanides )


Níl aon rian de promethium faighte ar screamh an Domhain ach tá sé aitheanta i speictream na réaltaí éagsúla sa Réaltra Andraiméide . Is eilimint annamh sintéiseacha déanta sna luasairí núicléach agus imoibreoirí núicléacha . Nuair a Neoidimiam faoi réir an dian i láthair radaíocht neodrón in imoibreoir , tá sé thiontú i promethium . 28 iseatóip na dúile curtha shintéisiú go dtí seo ar fad á radaighníomhach . An- beag atá ar eolas de na airíonna ceimiceacha agus fisiciúla ar promethium íon .


Samarium

Uimhir Adamhach : 62

Siombail Ceimiceach ; sm

Grúpa III B Uathúla Earth Eilimint ( Lanthanides )


Is iad na príomh mianta na Samarium bastnasite agus monaisít . Mianta monaisít minic bhfuil an oiread agus is 50% dá meáchan i créanna annamh le fáil i ghaineamh abhainn san India agus an Bhrasaíl agus i Florida trá sand.In bhfuil luster silvery - bán fhoirm Samarium íon agus go cothrom resistant a ocsaídiú . Beidh an miotal adhnann go spontáineach , áfach, ag teocht íseal . Roinnt comhdhúile den ngné seo a úsáidtear chun fabricate buanmhaignéad . Is ocsaíd Samarium ina ionsúire den scoth de radaíocht infridhearg agus tá sé curtha chun na críche seo chun cineálacha éagsúla de ghloine agus fosfar íogair infridhearg .

europium

Uimhir Adamhach : 63

Siombail Ceimiceach ; eu

Grúpa III B Uathúla Earth Eilimint ( Lanthanides )

Tá europium ar cheann de na rarest de na mhiotail tearc . Sa bhliain 1901 poitigéir Fraince Eugene - Anatole Demarcay scoite amach ar deireadh eisíontas i sampla Samarium - Gadailiniam bhí sé ag déanamh staidéir agus d'aithin sé an eisíontais mar ghné nua . Is europium Pure cothrom bog agus silvery bán . Tá sé sách insínte agus ceann de na cinn is imoibríoch de na mhiotail tearc . Tá ocsaíd europium úsáidtear go forleathan go cothrom mar bhreiseán chun feabhas a chur ar éifeachtacht na fosfair dearg i monatóireacht teilifíse agus ríomhaire . Tá sé úsáid freisin chun cur leis an éifeachtúlacht fuinnimh na lampaí fluaraiseacha .

Gadailiniam

Uimhir Adamhach : 64

Siombail an Cheimiceach : GD

Grúpa IIIA Uathúla Earth Eilimint ( Lanthanides )

Tá dhá iseatóp de Gadailiniam i measc na mhaolaitheoirí is potent de neodrón . Cé úsáid a bhaint as a gcuid teorainneacha ganntanas , tá siad a úsáidtear i ndéanamh slata rialaithe le haghaidh imoibreoirí núicléacha . Tá sé brí ferromagnetic go bhfuil sé mheall an- láidir ag maighnéid . Mar sin féin a pointe Curie, tá an teocht ag a gcailleann ábhar maighnéadach a maighnéadas thart teocht an tseomra . Tá sé cruthaithe de luach i teicníc probing an taobh istigh de mhiotail a dtugtar radagrafaíochta neodrón . Tá sé in úsáid sna tionscail aerlíne agus tógáil long a chuardach le haghaidh flaws i bhfolach agus laigí struchtúracha i gcabhla agus fuselages .

TERBIUM

Uimhir Adamhach : 65

Siombail an Cheimiceach : Tb

Grúpa III B Uathúla Earth Eilimint ( Lanthanides )


I bhfoirm miotalach íon , is terbium silvery - bán , intuargainte , insínte agus bog go leor chun a ghearradh le scian . Bears sé chosúlacht a threorú , ach tá sé i bhfad níos troime . Cosúil le luaidhe go bhfuil sé cothrom resistant a creimeadh . Tá comhdhúile terbium úsáidí founds i Léasair speisialta agus mar phosphors a tháirgeann an dath glas i feadáin teilifíse agus monatóireacht ar ríomhaire . Áirítear ar iarratais eile a tháirgeadh cóimhiotail a bhfuil airíonna maighnéadach speisialta lena n-úsáid i dlúthdhioscaí agus i monaraithe de scáileáin sainmhíniú ard X - ghathaithe .


dysprosium

Uimhir Adamhach : 66

Siombail an Cheimiceach : Dy

Grúpa III B Uathúla Earth Eilimint ( Lanthanides )


Céimeanna dysprosium naoú i líonmhaireacht i measc na heilimintí tearc i screamh an Domhain . Fuarthas amach i 1886 ag na Fraince poitigéir Paul - Emile Lecoq de Boisbaudran i sampla de ocsaíd Eirbiam . Bhunaigh sé a ainm ar an dysprositos focal Gréigise a chiallaíonn go crua chun a fháil ar . Ní raibh dysprosium Pure ar fáil go dtí 1950 nuair a forbraíodh teicnící nua-aimseartha ceimiceacha ar nós scaradh ian - mhalartú . Resembles dysprosium an chuid is mó de na miotail tearc-chré eile . Tá sé bog go leor chun a ghearradh le scian , tá dath silvery lonracha agus tá sé réasúnta cobhsaí san aer .


HOLMIUM

Uimhir Adamhach : 67

Siombail an Cheimiceach : Ho

Grúpa III B Uathúla Earth Eilimint ( Lanthanides )

Sa bhliain 1878 , thug beirt eolaithe na hEilvéise holmium ar línte speictreacha tréith ach ní raibh iad a aithint . Ar a dtugtar siad an fhoinse anaithnid de na línte speictreacha dúil X. Go gairid ina dhiaidh sin i 1879 poitigéir Sualainne Per Teodor Cleve scoite amach agus d'aithin an ghné agus iad ag obair le mianraí a dtugtar erbia . Tá dath silvery geal holmium mhiotalacha Pure nach raibh ar fáil go dtí go leor le déanaí . Tá sé measartha resistant creimeadh san aer tirim ach tarnishes go tapa san aer tais a fhoirmiú ocsaíd yellowish . Eile ná a úsáid mar dath le haghaidh gloine , tá sé feidhmeanna tráchtála cúpla .

Eirbiam

Uimhir Adamhach : 68

Siombail an Cheimiceach : Er

Grúpa III B Uathúla Earth Eilimint

Cuireadh Eirbiam amach ag Carl Gustaf Mosander i ocsaíd buí go scoite sé as an itria mianraí . Mosander ainmnithe an ghné don sráidbhaile sa tSualainnis, Ytterby an suíomh tiúchain mór itria agus Eirbiam . Is iad na príomhfhoinsí Eirbiam an xenotime mianraí agus euxerite . Is Eirbiam chomh maith le gnéithe eile tearc iarbhír eisíontas sna mianaigh . Na feidhmeanna tráchtála de Eirbiam teoranta in áit . A ocsaídí a chuirtear go minic chun gloine agus cruan glónraí a dath orthu bándearg . Is é an gloine a úsáidtear go minic le haghaidh sunglasses agus jewelry saor.

thulium

Uimhir Adamhach : 69

Siombail an Cheimiceach : TM

Grúpa IIIB Uathúla Earth Eilimint ( Lanthanides )

Is thulium gné tearc go bhfuil an- gann . Tarlaíonn sé i gcainníochtaí an- bheag i gcuideachta créanna annamh eile . An poitigéir Sualainne Per Teodor Cleve aimsigh an ghné i 1879 agus ainmníodh é le haghaidh Thule , an t -ainm ársa do gCríoch Lochlann . Is é an príomh- fhoinse thulium an monaisít mianraí atá comhdhéanta de thart ar 7/1000 de 1 % thulium . Tá sé feidhmeanna tráchtála cúpla seachas á n-úsáid i Léasair . Tá sé costasach ach tá an- beag de na miotail atá ar fáil le haghaidh turgnamh .

YTTERBIUM

Uimhir Adamhach : 70

Siombail an Cheimiceach : YB

Grúpa III B Uathúla Earth Eilimint ( Lanthanides )

Ytterbium , is é an chéad ghné annamh a fuair sé amach le fáil i raidhse measartha i screamh an Domhain agus i gcónaí i gcuideachta na créanna annamh . Bhí sé amach ag an poitigéir na Fraince Jean de Marignac i 1878 mar chuid de na mianraí a dtugtar erbia agus ainmníodh le haghaidh sráidbhaile Ytterby na Sualainne ar bhonn a tiúchain arda Eirbiam . Ní raibh miotal ytterbium Pure ar fáil le haghaidh staidéar a dhéanamh go dtí 1953 . Is iad feidhmeanna tráchtála mar ghníomhaire chóimhiotalach le cruach dhosmálta. Cóimhiotail áirithe a úsáid freisin i fiaclóireachta .

LUTETIUM

Uimhir Adamhach : 71

Siombail an Cheimiceach : Lu

Grúpa III B Uathúla Earth Eilimint ( Lanthanides )

Cé aige a foilsíodh riamh go foirmiúil a chuid torthaí , tá US poitigéir Charles James meastar anois a fuair sé amach lutetium i 1907 . Oibre le linn 1900 go luath ag an Ollscoil New Hampshire , ceapadh mar Rí Séamus fórsa mór i dtáirgeadh na n -eilimintí tearc . Bheadh sé féin agus a chuid mac léinn tonna de méine agus saothair a phróiseáil trí crystallizations chun sampla amháin . Is miotal lutetium Pure deacair agus costasach a ullmhú . Is é an deacra agus an eilimint domhain is troime annamh . Uimh feidhmeanna tráchtála tá forbairt déanta .

haifniam

Uimhir Adamhach : 72

Siombail an Cheimiceach : Hf

Grúpa IV B Eilimint Idirbhliain

Airíonna haifniam chomh maith le a stair atá ceangailte go dlúth le siorcóiniam . Bhí tuartha go leor go bhfuil eilimint 72 ach uileláithreacht a cúpla ceimiceach cur isteach lena aithint . Is é an príomh- úsáid haifniam atá bunaithe ar cheann de na cúpla difríochtaí ó siorcóniam. Déanann a cumas a ionsú neodrón teirmeach sé ina ábhar úsáideach slata rialú imoibreora . Na buntáistí is mó de haifniam i gcomparáid le hábhair slat eile a neart agus friotaíocht le creimeadh . Ar an drochuair in imoibreoir cothrom mór is féidir leis an costas na slata haifniam a $ 1 milliún nó níos mó .

Tantalam

Uimhir Adamhach : 73

Siombail an Cheimiceach : Ta

Grúpa VB Eilimint Idirbhliain

Is Tantalam miotal thar a bheith deacair agus an- trom . Déanann a inertness ceimiceacha Tantalam resistant go mór a ionsaí ag substaintí i gcorp an duine . Tá sé seo mar thoradh ar a lán na n-iarratas i máinliacht fiaclóireachta agus leighis . Cuidíonn Tantalam mar ghníomhaire chóimhiotalach friotaíocht creimeadh , insínteacht , hardness agus leáphointe ard ar éagsúlacht na miotal eile . Tá Ach úsáid mhór eile de Tantalam i dtógáil na toilleoirí beag ach cumhachtach leictrealaíoch . Tá na toilleoirí úsáideach go speisialta i an circuitry leictreonach miniaturized go luíonn ag croílár feistí den sórt sin mar teileafóin cheallacha agus ríomhairí .

TUNGSTEN

Uimhir Adamhach : 74

Siombail an Cheimiceach : W

Grúpa VIb Eilimint Idirbhliain

Ceann de na húsáidí is tábhachtaí de tungstain i monarú filiméid don bolgán solais coiteann . Tá Tungstan an leáphointe is airde -3410 céimeanna C agus fiuchphointe is airde 5900 céim C - d' aon miotail . Na iarratais teocht ard raon tungstain ó eilimintí teasa i téitheoirí leictreach do na soic ar an innill roicéad feithiclí spás . Táirgeann Leictreachais ag sreabhadh trí shreang coiled de tungstain leor teasa a dhéanamh ar an sreang bán te . Chun cosc a chur ar an miotail ó overheating triathgháis , mar shampla nítrigine agus Argón faoi iamh sa bolgán ina bhfuil filiméad tungstain .

rhenium

Uimhir Adamhach : 75

Siombail an Cheimiceach : Re

Grúpa VIIB Eilimint Idirbhliain

Cuireadh Rhenium cheann de na rarest na n-eilimintí aimsíodh i mianta platanam ag poitigéirí Gearmáine Ida Tacke , Walter Nodack agus Otto Carl Berg i 1925 . Is miotal thar a bheith dlúth le luster liath silvery agus leáphointe níos mó ná ach amháin ag tungstain agus carbóin . Is é seo an bonn le haghaidh úsáide rhenium i gcomhcheangal le tungstain le teirmeachúpla a dhéanamh do teocht chomh hard le 2000, céimeanna C. Rhenium thomhas úsáidtear go príomha mar ghníomhaire chóimhiotalach do mhiotail atá resistant a chaitheamh cosúil leo siúd a theastaíonn le haghaidh teagmhálacha lasc leictreacha agus leictreoidí fabricating .

osmium

Uimhir Adamhach : 76

Siombail an Cheimiceach : Os

Grúpa VIIIb Eilimint Idirbhliain

Toisc go bhfuil an miotail íon deacair a dhéanamh , tá osmium déanta go minic mar púdar atá déanta ansin isteach mais soladach ag téamh . Ocsaídiú an púdar in aer agus tá astaítear go mall mar smelling gáis láidir tocsaineach an is cúis le scamhóg agus craiceann damáiste . Déanann an astaíocht lena gáis ocsaíd nimhiúil úsáid a bhaint as miotail osmium praiticiúil . Mar bhreiseán chóimhiotalach , áfach, go bhfuil sé sábháilte go leor agus tá sé in úsáid go príomha chun cóimhiotail crua le miotail den sórt sin mar platanam agus Iridiam . Na cóimhiotail a úsáidtear le haghaidh teagmhálacha athrú leictreacha , snáthaidí phonograph agus leideanna peann tobair .

Iridium

Uimhir Adamhach : 77

Siombail an Cheimiceach : Ir

Grúpa VIII B Eilimint Idirbhliain

Is Iridiam le miotail lómhara brittle yellowish bán . Tá sé le fáil go ginearálta i mianta ina bhfuil platanam nó nicil . Is é scaradh ó na mianta tasc laborious agus costasach go bhfuil údar maith ach amháin ag aisghabháil comhuaineach platanam agus nicile . Is é an t-iarratas príomhfheidhmeannach Iridiam mar breiseán le platanam cóimhiotail a mhéadaíonn an cruas na miotail sin a chruthú . Déanann friotaíocht Iridiam chun creimeadh sé úsáideach freisin i monarú na n-ítimí a dteastaíonn íonachta absalóideach , mar shampla snáthaidí hypodermic agus innill roicéad .

PLATINUM

Uimhir Adamhach : 78

Siombail an Cheimiceach : Pt

Grúpa VIII B Eilimint Idirbhliain ( Miotal lómhara )

Go leor úsáidí de platanam leas a bhaint as a cobhsaíocht ceimiceacha agus inertness . Tá sé a úsáidtear i scagadh peitriliam , fiaclóireachta , tionscal criadóireachta , na tionscail leictreach agus leictreonach , agus tá sé prized i ndéanamh jewelry . Tá Platanam úsáideach don tionscal gluaisteán chomh maith . Cabhraíonn sé imoibrithe ceimiceacha a ghlanadh suas sceite ag teacht ó innill carranna , ag athrú aonocsaíde carbóin agus breosla unburned isteach in uisce agus dé-ocsaíd charbóin . Ina theannta sin feidhmíonn barra cóimhiotal Iridiam - platanam mar an caighdeán domhanda le haghaidh an cileagram , an t-aonad bunúsach i gcás maise sa chóras méadrach .

GOLD

Uimhir Adamhach : 79

Siombail an Cheimiceach : Au

Grúpa IB Eilimint Idirbhliain ( Miotal lómhara )

Tá Óir dtrádáil i tráchtearraí malartuithe agus na luaineachtaí i bpraghas ina meastar mar innéacs ar shláinte an gheilleagair . Tá sé an chuid is mó insínte intuargainte agus de na miotail . Toisc go bhfuil sé ar cheann de na is neamh-imoibríoch , is féidir é a chothú a luster thar cionn . I nádúr tá ór le fáil de ghnáth mar a bhfuil miotail íon , go minic mar nuggets nó calóga . Is é a íonachta a thomhas mar carats . Tá ór Pure sin a bheith óir carat 24 - . Toisc go bhfuil sé an-bhog , áfach , tá an chuid is mó jewelry óir a rinneadh de 18 óir carat .

MERCURY

Uimhir Adamhach : 80

Siombail an Cheimiceach : Hg

Grúpa II B Eilimint Idirbhliain

Is é Mearcair an miotail ach amháin go bhfuil leacht ag teocht an tseomra agus tá sé fós ina leacht thar réimse an- leathan agus áisiúil teochtaí . Tá roinnt táirgí tí coitianta go bhfuil mearcair teirmiméadair , baraiméadair , teirmeastait , lasca balla adh agus bleibíní fluaraiseach . Áirítear ar iarratais Tionscail na mearcair caidéal idirleathadh agus lampaí mearcair gal a ghineann na soilse bluish bán ó shoilsiú sráide . Is maoin úsáideach eile de mearcair a chumas a thuaslagadh miotal eile chun cóimhiotail a dtugtar malgaim . Fiaclóirí úsáid go minic amalgam airgid - chun mearcair fiacla a líonadh .

THALLIUM

Uimhir Adamhach : 81

Siombail an Cheimiceach : TL

Grúpa III A Miotal Iar - Idirbhliain


Is foinse coiteann de Tailliam since agus luaidhe scagadh . Is é seo an miotal intuargainte agus trom go leor gníomhach agus corrodes go mall san aer . Tá Tailliam agus a chomhdhúile thar a bheith tocsaineach agus go bhfuil fianaise ann gur féidir é a chothaíonn ailse . Fiú amháin i dteagmháil le craiceann is féidir a bheith contúirteach cé gur i dtiúchan an-íseal go bhfuil Tailliam baineadh úsáid as i gcóireáil ringworms . Is sulfáit tailliam ina nimhe bholadh agus gan bhlas a bhí in úsáid roimhe seo chun francaigh agus feithidí a mharú , ach tá sé anois toirmeasc i roinnt tíortha .


LEAD

Uimhir Adamhach : 82

Siombail an Cheimiceach : Pb

Grúpa IV A


Is Luaidhe le miotail an- intuargainte gur féidir a oibriú go héasca chun uirlisí de gach cineál a dhéanamh . Boinn agus dealbhóireacht Luaidhe a shuífear i tuamaí hÉigipte ag dul ar ais go dtí 5000 RC . Tá sé in úsáid den chuid is mó leictreoidí na cadhnraí stórála luaidhe a dhéanamh . Is Luaidhe freisin Is gné thábhachtach de solder a úsáidtear le haghaidh a dhéanamh naisc leictreacha ar na boird chuaird i ríomhairí agus gléasanna teilifíse . Go bhfuil scáileáin Gloine na sraitheanna teilifíse mar thoradh ar a sciath an lucht féachana ó radaíocht . Go deimhin tá beagnach leath punt de luaidhe gach sraith teilifíse .


Biosmat

Uimhir Adamhach : 83

Siombail an Cheimiceach : dé

Miotal aistriú Grúpa VA Post


Is Biosmat a bhfuil miotail bán sobhriste go bhfuil tinge yellowish beag . Tá an cumaisc Biosmat subnitrate a úsáid mar antacid i gcóireáil ulcers . Is ocsaíd Biosmat lí buí coitianta a úsáidtear i gcosmaidí . Cosúil le Biosmat uisce ar cheann de na substaintí a roinnt go leathnaíonn nuair a athraíonn sé ó leacht go solad . Tá an mhaoin a úsáidtear chun cóimhiotail a bhfuil fós tairiseach nuair a solidify siad toirte a dhéanamh . Is féidir Miotail alloyed le Biosmat a úsáid le haghaidh casts agus múnlaí a choinneáil a n-toisí cruinn fiú nuair a líonadh le miotail leáite .


polóiniam

Uimhir Adamhach : 84

Siombail an Cheimiceach : Po

Grúpa VI A Metalloid


Sainmhíníonn an fionnachtain polóiniam Marie agus Pierre Curie i 1898 ar cheann de na chuimhneacháin mór i stair na heolaíochta a dtiocfaidh an coincheap nua-aimseartha an núicléas adamhach agus tuiscint ar a struchtúr . Tá polóiniam 27 iseatóip aitheanta agus iad ar fad radaighníomhach . Is é an ceann ar fáil go héasca is polóiniam 210 , ar metalloid silvery go bhfuil go leor so-ghalaithe agus 100,000 uaire níos mó ná tocsaineach chianíde . I saotharlanna raideolaíoch tá an iseatóp measctha le beirilliam púdraithe a úsáidtear go minic chun a tháirgeadh suimeanna móra na neodrón gan úsáid a bhaint imoibreora núicléach .


Astaitín

Uimhir Adamhach : 85

Siombail an Cheimiceach : Ag

Grúpa VII An halaiginí

Cainníochtaí beaga de Astaitín ann go nádúrtha mar na táirgí mheath úráiniam agus tóiriam . Cuireadh Astaitín tháirgtear an chéad i 1940 ag foireann de radiochemists trí bombarding Biosmat le halfa-cháithníní . Ach thart ar 1 milliúnú graim den Astaitín curtha le chéile i ndáiríre go saorga agus tá sé dá bhrí sin , ní haon ionadh go bhfuil mórán ar eolas faoi a n-airíonna . Ba chóir a bheith cothrom ceimic cosúil leis sin de iaidín , cé go bhfuil roinnt fianaise ann go bhféadfadh sé a bheith beagán níos mó miotalach ann .

radón

Uimhir Adamhach : 86

Siombail an Cheimiceach : Rn

Grúpa VIII A An Gáis Noble

Tá Radón a tháirgtear mar cheann de na táirgí ag an meath radaighníomhach úráiniam agus tóiriam . Radón - 222 é, a iseatóp is faide a mhair le fáil i dtiúchain substaintiúla Ta gás in ithir mar go bhfuil méideanna rian de úráiniam i láthair i screamh an Domhain . Cé go bhfuil sé ag fás , is é tobac faoi réir truailliú le radón ón ithir agus na leasacháin fosfáit úráiniam saibhir in úsáid ag lucht plandála . Nuair a bhíonn an tobac i toitíní dóite , go gceanglaíonn sé deatach ionanáiltear an smoker le leibhéil radaíochta 1000 uair níos airde ná iad siúd a bhíonn ag oibrí i monarcha cumhachta núicléiche .

francium

Uimhir Adamhach : 87

Siombail an Cheimiceach : An tAth

Grúpa I A An Miotail Alkali

Is francium an troime de na miotal alcaile agus ceann de na is eol is unstable . Gach ceann de chuid iseatóipí atá radaighníomhach fós fiú a faide iseatóp cónaí francium - 223 Tá leathré de ach 21 nóiméad . As a 30 iseatóip ar eolas , ach amháin tá francium 223 sa nádúr . Gach ceann de na iseatóip eile francium a tháirgtear go saorga i luasairí agus imoibreoirí núicléacha agus go bhfuil siad ró- éagobhsaí a ndéanfar staidéar orthu in aon doimhneacht . Thángthas ar an eiliminit i 1939 ag Marguerite Perey ag obair ag an Institiúid Curie i bPáras . Tá sé ainmnithe don tír inar bhí sé amach .

RADIUM

Uimhir Adamhach : 88

Siombail an Cheimiceach : Ra

Grúpa II - alcaileacha An Miotail Domhan

Cuireadh Raidiam aimsigh Marie agus Pierre Curie i 1898. Chun teacht ar raidiam agus polóiniam , bronnadh an Duais Nobel Marie Curie sa cheimic. Bhí sé ar a dara ; Bhí roinnte sí an chéad lena fear céile agus Henri Becquerel i 1903 chun teacht ar radaighníomhaíocht .

Tá dath bán iontach miotail raidiam Pure agus is é sin luminescent go glows sé sa dorchadas a thabhairt amach ar an dath gorm faint . Tá raidiam a úsáidtear i áiseanna leighis go leor a ghiniúint an radóin gás radaighníomhach a úsáidtear le haghaidh teiripe ailse .

ACTINIUM

Uimhir Adamhach : 89

Siombail an Cheimiceach : Ac

Grúpa III B Eilimint Idirbhliain ( An achtainídí )

Is eilimint radaighníomhach a tháirgtear go nádúrtha ag an meath radaighníomhach ar an fada ag cónaí eilimintí raidiam agus tóiriam Actinium . Méideanna an- bheag de a táirgeadh go saorga agus tá sé i bhfeidhm tráchtála an- teoranta . A airíonna ceimiceacha resemble siúd de lantanam . Chomh maith leis sin cosúil le lantanam , is é an chéad cheann i sraith de gnéithe ar a dtugtar an achtainídí atá ar aon dul le lanthanides . Cosúil leis an earths annamh , leictreoin cuir na heilimintí ar bhlaosc fithiseach istigh agus dá bhrí sin tá airíonna fisiceacha agus ceimiceacha den chineál céanna .

tóiriam

Uimhir Adamhach : 90

Siombail an Cheimiceach : Th

Grúpa IIIB Eilimint Idirbhliain ( An achtainídí )

Is thóiriam miotail bán silvery radaighníomhach a tarnishes go han-mhall nuair a nochtar don aer . Is féidir le gaineamh monaisít cuid atá le fáil i thránna Florida rud é upto 10% tóiriam . In ainneoin a radaighníomhaíocht , tá tóiriam agus a chomhdhúile feidhmeanna tráchtála éagsúla . Feidhmíonn sé mar astaíre éifeachtach na leictreon le haghaidh feistí leictreonacha . An solas iontach a astaíonn a ocsaíd agus a dhéanann dó freisin úsáideach é i fabricating lampaí gáis áirithe iniompartha . Thóiriam 232 , léiríonn iseatóp le saol leath de 14 billiún bliain gealltanas mór a bheith ina fhoinse fuinnimh núicléach sa todhchaí .

prótachtainiam

Uimhir Adamhach : 91

Siombail an Cheimiceach : Pa

Grúpa III B Eilimint Idirbhliain ( An achtainídí )

Tá sé ar cheann de na scarcest agus is costasaí de na heilimintí nádúrtha atá ann cheana féin . Níl ach cúpla céad gram ar fáil le haghaidh staidéir . Bhí an méid seo meager a tháirgtear den chuid is mó i Sasana thart ar 30 bliain ó shin nuair a bhí sé a bhaintear ó 60 tonna de méine ar chostas leath mhilliún dollar . Nach bhfuil i bhfad atá ar eolas faoi a airíonna fisiciúla agus ceimiceacha . Is le miotail airgid bán le luster geal , a cailleann sé an- mhall san aer trí ocsaídiú . Tá sé ar eolas chomh maith le bheith an-tocsaineach .

ÚRÁINIAM

Uimhir Adamhach : 92

Siombail an Cheimiceach : U

Grúpa III B Eilimint Idirbhliain ( An achtainídí )

Is é úráiniam an ceann deireanach agus an troime de na heilimintí a tharlaíonn go nádúrtha . Thángthas i 1841 , bhí sé ar an chéad eilimint radaighníomhach a aithint . I ndeireadh 1930 trí thurgnaimh a bhfuil úráiniam eolaithe na Gearmáine Lise Meitner agus Otto Hahn deara próiseas go raibh aitheantas dhiaidh sin a bheith ina eamhnaithe núicléach . An cumas na neodróin scaoileadh i rith an eamhnú an núicléis úráiniam chun iad féin scoilt núicléis úráiniam eile a úsáid go tapa ag na heolaithe a chruthú imoibriú slabhrúil féinchothabhálach . Nuair a rialú , táirgeann an imoibriú an fuinneamh againn a fháil ó imoibreoirí núicléacha . Nuair neamhrialaithe is féidir é a chruthú le pléascadh adamhach .

Neiptiúiniam

Uimhir Adamhach : 93

Siombail an Cheimiceach : NP

Grúpa III B Eilimint Idirbhliain ( An achtainídí )

Ba é an chéad ghné a tháirgtear go saorga transuranium Neiptiúiniam . Ag obair ag an cyclotron ag an Ollscoil California ag Berkeley i 1940 , fisicithe US Edwin McMillan agus Philip Abelson a tháirgtear trí Neiptiúiniam bombarding úráiniam le neodrón . Tá sé ar eolas anois go bhfuil ann cainníochtaí rian de Neiptiúiniam d iarbhír i nádúr mar thoradh ar na gníomhartha na neodrón sa eilimint úráiniam . Faoi láthair tá 18 iseatóip de Neiptiúiniam Táirgeadh fad iad radioactive.The bhí is tábhachtaí agus an chéad cheann a thabhairt ar aird Neiptiúiniam 237 le leathré de 2.1 milliún bliain .

plútóiniam

Uimhir Adamhach : 94

Siombail an Cheimiceach : Pu

Grúpa III B Eilimint Idirbhliain ( An achtainídí )

Tá plútóiniam 15 iseatóip ar a dtugtar gach ceann acu radaighníomhach . Is Plútóiniam 239 an ceann is tábhachtaí toisc go fissions sé go héasca nuair a bombarded ag neodrón teirmeach . Cosúil úráiniam 235 , an núicléis a chuid adaimh roinnte ina dhá núicléas meánmhéide idirmheánacha ( ar a dtugtar blúirí eamhnú ) scaoileadh suimeanna móra fuinnimh agus a tháirgeadh neodrón níos mó chun imoibriú slabhrúil a chothú . Measctha le beirilliam púdraithe , tá sé foinse éifeachtach na neodrón le haghaidh obair eolaíoch . Is féidir plútóiniam a tháirgeadh i gcainníochtaí ollmhór i imoibreoirí núicléacha . Tá a raidhse rinne sé an uimhir amháin rogha do airm núicléacha .

## AMERICIUM

Uimhir Adamhach : 95

Siombail an Cheimiceach : Am

Grúpa III B Eilimint Idirbhliain ( An achtainídí )

Fuarthas amach i 1944 ag foireann na bpoitigéirí faoi cheannaireacht Glenn Seaborg.His fhoireann a tháirgtear americium - 241 , ar cheann de na 14 iseatóip ar eolas go léir a bhfuil radaighníomhach . Tá Americium 241 a rinneadh i gcainníochtaí móra i imoibreoirí núicléacha . Na gáma-ghathanna dian a astaíonn sé a dhéanann sé an- úsáideach mar fhoinse iniompartha X- ghathanna . Tá sé úsáid freisin i brathadóirí deataigh .

## CURIUM

Uimhir Adamhach : 96

Siombail an Cheimiceach : Cm

Grúpa III B Eilimint Idirbhliain ( An achtainídí )

Is Curium miotail silvery bán go bhfuil an- imoibríoch . Ba é an chéad cheann dá 14 iseatóp ar eolas a fuair sé amach curium 242 . Tá Curium 242 agus curium 244 in úsáid mar fhoinsí fuinnimh i gceantair iargúlta . Is féidir leis an radaíocht na hiseatóip scaoileann a thiontú go teas agus ansin go leictreachas trí feistí thermoelectric . Cé go bhfuil sé ar an saol leath sách gearr , is é an t -aschur cumhachta an curium 242 mórthaibhseach é sin thart ar 2-3 vata in aghaidh gach graim . Tá na haonaid dlúth úsáideach séadairí , baoithe iargúlta loingseoireachta agus misin spáis .

BERKELIUM

Uimhir adamhach ; 97

Siombail an Cheimiceach : Bk

Grúpa III B Eilimint Idirbhliain ( An achtainídí )

Bhí sé amach ag UC Berkeley i 1949 ag foireann de George Seaborg , Stanley Thompson agus Albert Ghiorso agus bhí ainmnithe i ndiaidh an bhaile . Shintéisithe siad é ag baint úsáide as cyclotron a bombard sampla de americium 241 le halfa-cháithníní . Ag baint úsáide as berkelium 249 , bhí sé indéanta i 1962 a thabhairt ar aird 3000000000ú de gram de chlóiríd berkelium . Aon iarratais tráchtála nó eolaíochta a forbraíodh go fóill .

CALIFORNIUM

Uimhir adamhach ; 98

Siombail an Cheimiceach : Cf

Grúpa III B Eilimint Idirbhliain ( An achtainídí )

Bhí sé amach ag foireann na bpoitigéirí ag baint úsáide as cyclotron curium 242 go bombard le halfa-cháithníní . An californium iseatóp 252 ainmnithe don Stát de California astaíonn spontáineach neodrón . Tá foinsí neodróin ó am go ham deacair teacht leis . Ceachtar imoibreoir núicléach a cheanglaítear nó ní mór roinnt astaíre an-radaighníomhach cáithníní alfa , mar shampla plútóiniam a mheascadh le púdar bheirilliam . Tugann an fionnachtain foinse neodróin thar a bheith iniompartha féidir iarratais go leor is féidir do 252.It californium a dhéanamh go héasca i réimsí chun anailís a dhéanamh sraitheanna bhfuil ola de chré nó le haghaidh mianadóireachta óir agus airgid .

EINSTEINIUM

Uimhir Adamhach : 99

Siombail an Cheimiceach : Es

Grúpa III B Eilimint Idirbhliain ( An achtainídí )


Albert Ghiorso agus a comh - oibrithe thángthas ngné seo i 1952 fad a iniúchann sé smionagar de pléascadh buama hidrigine sna iseatóip Pacific.16 is eol , ar an einsteinium ceann is cobhsaí 254 le leathré de 252 lá . An chuid is mó de na hiseatóip a táirgeadh san Iseatóp Imoibreora Ard Flux ag Saotharlann Náisiúnta Oak Ridge i Tennessee trí ruithniúcháin plútóiniam 239 le bíomaí dian neodrón .


FERMIUM

Uimhir Adamhach : 100

Siombail an Cheimiceach : Fm

Grúpa III B Eilimint Idirbhliain ( An achtainídí )


Cosúil einsteinium , aithníodh Fermium i 1952 ag Ghiorso agus comh - oibrithe sa smionagar na hidrigine pléascadh buama san Aigéan Ciúin . Iseatóip de fermium ainmnithe i ndiaidh Enrico Fermi iad shintéisiú de ghnáth ag gnéithe cosúil le Úráiniam agus plútóiniam a bombardú neodrón dian faoi réir . I dtimpeallacht neodrón shaibhir , is féidir gné , mar shampla úráiniam faoi gabhála neodrón a chéile go minic ionsú oiread agus is 16-17 neodrón a thabhairt ar aird ar na gnéithe transuranium trom .


MENDELEVIUM

Uimhir Adamhach : 101

Siombail an Cheimiceach : md

Grúpa III B Eilimint Idirbhliain ( An achtainídí )


Thángthas ar an eilimint transuranium naoú saorga ainmnithe do Dmitri Mendeleyey i 1955 ag grúpa eolaithe faoi Albert Ghiorso . Ag leanúint ar aghaidh a n- chuardach le haghaidh eilimintí riamh - níos troime an fhoireann úsáid as an cyclotron ag Berkeley einsteinium 253 go bombard le halfa-cháithníní ( núicléis héiliam ) agus ar deireadh thiar fabricated mendelevium 256 . na méideanna beaga a rinne a aithint an- deacair . Tá sé sin go minic go raibh shintéisiú ngné seo adamh amháin ag an am . Ach rian méideanna na iseatóipí mendelevium déanta agus beag atá ar eolas ar a n- cheimic .

## NOBELIUM

Uimhir Adamhach : 102

Siombail an Cheimiceach : Uimh

Grúpa III B Eilimint Idirbhliain ( An achtainídí )

I chruthú nobelium 254 , Ghiorso agus a chomhghleacaithe a thuairgneáil sampla de curium 246 le carbóin 12 hiain baint úsáide as an Trom ian Líneach Luasaire . 11 iseatóipí curtha shintéisiú go dtí seo agus tá gach radaighníomhach . Nobelium 259 an ceann is faide mhair le saol leath de 57 nóiméad . Ainmnithe do Alfred Nobel , tá sé a tháirgtear i gcainníochtaí móra go leor chun cead a staidéar a dhéanamh ar a n-airíonna ceimiceacha agus fisiciúla .

## LAWRENCIUM

Uimhir Adamhach : 103

Siombail an Cheimiceach : Íochtarach

Grúpa III B ( An achtainídí )

Ag leanúint ar aghaidh a n- teaghrán astonishing fionnachtana , na heolaithe Berkeley shintéisiú agus a scoite amach lawrencium i 1961 trí bombarding meascán de 3 iseatóp bórón californium le 10 agus bórón 11 hiain ag baint úsáide Trom ian Líneach Luasaire . An sprioc a mheá ach cúpla milliúnú de gram fóill ar an bhfoireann a bhainistiú a mhonarú lawrencium 258 le leathré de 4 soicind . Ainmníodh é in onóir Ernest O.Lawrence , ar na bacáin an cyclotron .

## RUTHERFORDIUM

Uimhir Adamhach : 104

Siombail an Cheimiceach : Rf

Grúpa IV B Transactinide

Stair éilimh iomaíocha mearbhall ainmniú eilimint 104 . An fhoireann ó Berkeley chomh maith le grúpa ón Rúis á éileamh creidmheasa le haghaidh gné 104 . An t-éileamh Mheiriceá a bhuaigh an lá . Tá sé ainmnithe tar éis an Nua Zealander Ernest Rutherford !

DUBNIUM

Uimhir Adamhach : 105

Siombail an Cheimiceach : Db

Grúpa VB A Transactinide .

Éilimh dhíospóidithe ar a fhionnachtain bhfuil plagued eilimint 105 . I 1970 Ghiorso agus a fhoireann ag Berkeley bombarded californium 249 le nítrigin trom an 15 hiain dearfach agus d'aithin an eilimint a ainmnithe siad tar éis Otto Hahn agus a fhaightear formhuiniú ó Chumann Cheimiceach Mheiriceá . Ach i 1997 an t-athrú a IUPAC chinn an t -ainm a Dubnium . Is iad na airíonna ceimiceacha agus fisiciúla anaithnid .

SEABORGIUM

Uimhir Adamhach : 106

Siombail an Cheimiceach : SG

Grúpa VI B Transactinide

Cosúil leis an dá ghné dhíospóidithe eile , bhí an t-éileamh ar teacht ar eilimint 106 chomh maith leis an gceart a ainm dó ina ábhar díospóide . Sa bhliain 1974 , a dhearbhú le foireann na Rúise go raibh a tháirgtear siad unnilhexium . Mar gheall ar theip turgnaimh a dhearbhú a n- thoradh air sin, bhí a n-éileamh a dhéanamh i amhras . Maidir leis an am céanna , eolaithe ag Berkeley tuairiscíodh fionnachtain unnilhexium 263 tar éis bombarding californium 249 le hocsaigin 18 . Sa bhliain 1993 , eolaithe ag an Lawrence Livermore agus Berkeley Saotharlanna an turgnamh arís agus dhearbhaigh an toradh . Ainmníodh é in onóir Glenn Seaborg .

BOHRIUM

Uimhir Adamhach : 107

Siombail an Cheimiceach : BH

Grúpa VII B Transactinide

Sa bhliain 1981 , d'fhógair an cruthú unnilseptium ag fisiceoirí ag obair i Darmstadt , an Ghearmáin ag an GSI . Mhol an fhoireann an t -ainm nielsbohrium tar éis Neils Bohr . Dearbhaíodh n-éilimh taighde i 1992 ag an IUPAC . Sa bhliain 1997 , d'athraigh siad an t -ainm a bohrium .

HASSIUM

Uimhir Adamhach : 108

Siombail an Cheimiceach : HS

Grúpa VIII B Transactinide

Sa bhliain 1984 d' luaidhe fhoireann ag Peter Ambruster agus Gottfried Munzenberg d'fhógair an teacht ar unniloctium , eilimint 108 . Ba é seo an bhfoireann chéanna a bhí shintéisiú go bohrium . Ba é an t-ainm atá molta acu hassium tar éis haasia an t -ainm Laidine ar an stát Gearmánach Hesse . Sa bhliain 1992 dhearbhaigh an IUPAC na torthaí agus an t-ainm . Is iad na hairíonna ceimiceacha agus fisiciúla anaithnid .

MEITNERIUM

Uimhir Adamhach : 109

Siombail an Cheimiceach : Mt

Grúpa VIII B Transactinide


Sa bhliain 1982 , d'fhógair an fhoireann Darmstadt an teacht ar eilimint 109 ag bombarding Biosmat 209 le iarann ard fuinnimh 58 ian . Dochreidte mar a bhreathnaíonn sé ní raibh ach 3 adamh a cruthaíodh agus lofa siad i ábhar de 3.4 thousandth de shoicind . Mhol siad a ainm air i ndiaidh Lise Meitner a bhí dhorn cur síos eamhnú núicléach chomh maith le Otto Hahn .


UNUNNILIUM

Uimhir Adamhach : 110

Siombail Ceimiceach ; Uun

Grúpa VIII B Transactinide


Eolaithe Tar éis beagnach 10 bliain idirnáisiúnta atá ag obair ag GSI sa Ghearmáin a cruthaíodh go rathúil ceithre nó cúig adamh de gné nua 110 . Ag baint úsáide as luasaire mór chun adaimh nicil thiomáint ar luas ard thuairgneáil siad scragall tanaí de luaidhe leis na hadaimh ag gluaiseacht go mear nicile . An ghné nua bhriseann go tapa ó chéile agus Meathann isteach adaimh níos éadroime . Bhí sé aimsithe ag an 4 cáithníní alfa astaíonn sé le linn an phróisis lobhadh .


UNUNUNIUM

Uimhir Adamhach : 111

Siombail an Cheimiceach : UUU

Grúpa IB A Transactinide

An airíonna ceimiceacha na gné 111 atá ar eolas. Mar a luíonn sé sa cholún céanna óir agus airgid is dócha miotail . Tar éis luasghéarú adaimh nicil le luas ard bombarded taighdeoirí Gearmáinis Biosmat leis na hadaimh nicil ag gluaiseacht go tapa . Is é an aithint ngné seo suntasach mar tacaíonn sé leis an teoiric gur ann le ' oileán na cobhsaíochta ' le haghaidh eilimintí gar do ghné 114 . Tá an eilimint an saol leath thart ar 8 uair sin de ununnilium .


UNUNBIIUM

Uimhir Adamhach : 112

Siombail an Cheimiceach : Uub

Grúpa II B Transactinide


Ar Feabhra 9,1996 GSI sa Ghearmáin fhógair cruthú eilimint 112 gach creidmheasa chun an fhoireann idirnáisiúnta faoi Peter Ambruster . Bhí bombarded siad adaimh since a bhí luathaithe le luas ard le piléir ag gluaiseacht go tapa ar luaidhe . Le linn an imbhuailte adamh since bhainistiú a fuse leis an adamh luaidhe .




UNUNQUADIUM

Uimhir Adamhach : 114

Siombail an Cheimiceach : Uuq

Grúpa IB A Transcatinide


Sa bhliain 1999 d'fhógair foireann eolaithe ag an Institiúid um Thaighde Núicléach comhpháirteach sa Rúis a chruthú le miotail ultra - trom nua . Úsáid an fhoireann cyclotron plútóiniam 244 go bombard le bhíoma de chailciam 48 núicléis . Tar éis thart ar 40 lá bombardú , núicléas calicium le 20 prótóin comhleádh le núicléas plútóiniam le 94 prótóin a tháirgeadh gné le 114 phrótón . Cé éagobhsaí mhair sé am réasúnta fada .

Níor chuir an rún nádúr na freagraí i bhfolach a aimsiú a chinntiú a mhaolú . Tá an rompu chun an cuardach leanúnach riamh eilimintí superheavy nua . Is é an fórsa tiomána taobh thiar de seo iarracht an cuardach le haghaidh eolas a chuirfidh tús a chur le réimse saibhir nua staidéar ar airíonna núicléach agus ceimiceacha na heilimintí .

Is spreagadh níos utilitarian do chuardach na heilimintí a dhéanann suas an t-oileán a bhaineann le cobhsaíocht ann freisin . Creideann a lán eolaithe mar shampla go mbeidh na heilimintí nua a fhoirmiú ábhair neamhghnách a bhfuil airíonna coimhthíocha riamh roimhe le feiceáil . Is iad na freagraí atá á lorg san iarracht seo a bhfuil tábhacht bhunúsach chun ár dtuiscint ar na cruinne .

www.ingramcontent.com/pod-product-compliance
Lightning Source LLC
Chambersburg PA
CBHW071823170526
45167CB00003B/1395